高职高专土建类专业"十三五"规划教材
给排水工程技术专业能力提升系列教材
高等职业技术院校房地产类规划教材

水质监测与评价

主　编　王雪琴　童赛红　陈萍花
副主编　刘娜娜　张　婧　文　娟
参　编　钟　坤　刘清秀　王　力
　　　　何　芳　马晓雪
主　审　伍国福

西南交通大学出版社
·成都·

内容提要

本书是高等职业技术院校房地产类规划教材，也是给排水工程技术专业能力提升系列教材之一。该书是根据给排水工程专业人才培养方案和课程建设的目标与要求，根据校企专家多次研究讨论后制定的课程标准编写的。本书实践性强，内容和案例丰富，主要内容包括绪论，水体监测方案的制订，水样的采集、保存和预处理，主要水质监测项目的分析及实验测定，水质评价与预测，水质监测报告和水质监测与评价综合实训等内容。

本书为给排水工程技术专业的教学用书，也可作为水处理、环境科学与工程等相关专业学生和工程技术人员的参考用书。

图书在版编目（CIP）数据

水质监测与评价 / 王雪琴，童赛红，陈萍花主编.
—成都：西南交通大学出版社，2017.6（2022.1 重印）
高等职业技术院校房地产类规划教材. 给排水工程技术专业能力提升系列教材
ISBN 978-7-5643-5467-1

Ⅰ. ①水… Ⅱ. ①王… ②童… ③陈… Ⅲ. ①水质监测 – 高等职业教育 – 教材 Ⅳ. ①X832

中国版本图书馆 CIP 数据核字（2017）第 122263 号

给排水工程技术专业能力提升系列教材
高等职业技术院校房地产类规划教材

水质监测与评价

主编　王雪琴　童赛红　陈萍花

责 任 编 辑	牛　君
助 理 编 辑	张秋霞
封 面 设 计	何东琳设计工作室
出 版 发 行	西南交通大学出版社
	（四川省成都市二环路北一段 111 号
	西南交通大学创新大厦 21 楼）
发行部电话	028-87600564　028-87600533
邮 政 编 码	610031
网　　　址	http://www.xnjdcbs.com
印　　　刷	成都中永印务有限责任公司
成 品 尺 寸	185 mm × 260 mm
印　　　张	11.25
字　　　数	240 千
版　　　次	2017 年 6 月第 1 版
印　　　次	2022 年 1 月第 3 次
书　　　号	ISBN 978-7-5643-5467-1
定　　　价	25.00 元

课件咨询电话：028-87600533
图书如有印装质量问题　本社负责退换

‖ 前言 ◼

　　本书是高等职业技术院校房地产类规划教材和给排水工程技术专业能力提升系列教材。本书以能力提升为目标，经过校企等多方面专业人士论证，最终由校企合作共同编写完成。同时，本书根据课程教学基本要求，按照以学习情境代替学科为框架体系编排结构，在理论知识够用的前提下，安排相应的实践案例，所选案例及采用的标准、规范、监测方法具有真实性和依据性，符合实际情况，贴近工程实际，所以本书在风格上形成理论与实践相结合的鲜明特色。与以往教材相比，本书本着"适度够用"的原则精简理论知识，丰富实训案例，紧密结合实际工作，更好地培养了学生的岗位能力和职业能力。

　　本书由重庆房地产职业学院王雪琴、童赛红、陈萍花但任主编。本书编写分工如下：重庆房地产职业学院王雪琴负责项目 2、项目 4 的编写工作，童赛红负责项目 1 的编写工作，刘娜娜负责项目 7 第 7.1 节的编写工作，张婧负责项目 7 第 7.2 节的编写工作，文娟负责项目 5 第 5.1 节的编写工作，刘清秀负责项目 3 第 3.1 节的编写工作，钟坤负责项目 3 第 3.2 节的编写工作，酉阳县环境保护局陈萍花负责项目 6 的编写工作，重庆华地工程勘察设计院王力负责项目 5 第 5.2 节的编写工作，本书由重庆房地产职业学院伍国福主审。

　　在本书的编写过程中，重庆房地产职业学院马晓雪，中煤科工集团重庆设计研究院何芳和酉阳县环境保护局等单位给予了大力支持和帮助，在此一并表示感谢。

　　限于作者水平，书中难免存在欠妥之处，敬请广大读者批评指正。

编　者
2017 年 1 月

▌目录 ▌

项目1 绪 论

【学习目标】

本项目系统地介绍了水质分析与评价的基础知识。通过本项目的学习应达到以下目的：
（1）理解水体污染和水质指标的含义；
（2）了解常用的水质分析方法，掌握不同分析方法的特点及适用范围；
（3）理解水质监测过程中质量保证和质量控制的概念、作用；
（4）掌握水质分析的常用方法，会对水质分析数据结果进行一般性处理。

1.1 水污染与水质监测

1.1.1 水资源与水污染

1.1.1.1 水资源概述

水是人类社会的宝贵资源，分布于海洋、江、河、湖和地下水、大气水及冰川共同构成的地球水圈中，地球总水量为 138.6×10^8 亿 m^3。由于海水难以直接利用，因而我们所说的水资源主要指陆地上的淡水资源。事实上，陆地上的淡水资源总量只占地球上水体总量的 2.53%，为 3.5×10^8 亿 m^3，而且大部分分布在南、北两极地区的固体冰川。除此之外，地下水的淡水储量也很大，但绝大部分是深层地下水，开采利用量少。人类目前比较容易利用的淡水资源，主要是河流水、淡水湖泊水以及浅层地下水，只占淡水总储量的 0.34%，为 104.6×10^4 亿 m^3，还不到全球水总量的万分之一，因此地球上的淡水资源并不丰富。全球各种水体储量见表 1-1。

表 1-1 全球各种水体储量

水的类型	分布面积/万 km^2	水储量/10^4 亿 m^3	占全球水总储量/%	占全球淡水总储量/%
海洋水	3 613	1 338 000	96.5	—
地下水	13 480	23 400	1.7	30.1（淡水部分）
土壤水	8 200	16.5	0.001	0.05
冰川和永久雪盖	1 622.75	24 064.1	1.74	68.7
永冻土底冰	2 100	300.00	0.222	0.86
湖泊水	206.87	176.40	0.013	0.26（淡水部分）

水的类型	分布面积/万 km^2	水储量/10^4 亿 m^3	占全球水总储量/%	占全球淡水总储量/%
沼泽水	268.26	11.47	0.000 8	0.03
河床水	14 880	2.12	0.000 2	0.006
生物水	51 000	1.12	0.000 1	0.003
大气水	51 000	12.90	0.001	0.04

中国水资源总量为 2.81×10^4 亿 m^3，占世界第 6 位，而人均占有量却很少，属于世界上 21 个贫水和最缺水的国家之一。中国人均淡水占有量仅为世界人均占有量的 1/4，基本状况是人多水少，水资源时空分布不均匀，南多北少，沿海多内地少，山地多平原少，耕地面积占全国 64.6%的长江以北地区，水资源占有量仅为 20%，近 31%的国土是干旱区(年降雨量在 250 mm 以下)，生产力布局和水土资源不相匹配，供需矛盾尖锐，缺口很大。600 多座城市中有 400 多座供水不足，严重缺水城市有 110 座。随着人口增长、区域经济发展、工业化和城市化进程加快，城市用水需求不断增长，水资源供应不足、用水短缺问题必然成为制约经济社会发展的主要阻力和障碍。

1.1.1.2 水污染

水的污染最终会引起水体的污染。水体就是指自然水域，包括河流、湖泊、海洋及地下水等。水体是自然环境的重要组成部分，而且是其中最活跃的部分。水体间互相连通，如同大自然的血液，不断地在地球及生物圈间循环运行，在物质和能量迁移及转化过程中起着重要作用。

水在自然循环和社会循环过程中有多种多样的杂质混入，使其成分发生不同程度的变化。水体在一定程度上具有自净能力，即自然降低污染物的能力，当外来杂质（即污染物）超过水体的自净能力时，水质就会恶化，严重影响人类对水体的利用，水质的这种恶化称为水体污染。

水污染大致可分为自然污染和人为污染两种。火山爆发污染、矿区地下水水源污染为自然污染，生活污水和工业废水及农业生产使用的化肥、农药所造成的污染为人为污染。

我国水污染严重：流经城市河段的水体普遍受到污染，三江（辽河、海河、淮河）和三湖（太湖、滇池、巢湖）均受到严重污染，蓝藻时常暴发；在七大水系的 100 个国控省界断面中，Ⅰ～Ⅲ类、Ⅳ～Ⅴ类和劣Ⅴ类水质断面比例分别为 36%、40%和 24%。浙江中部海域、长江口外海域、渤海湾和珠江口等地赤潮频发，给沿岸鱼类和藻类养殖造成巨大经济损失。90%以上地下水遭到不同程度的污染，其中 60%污染严重，城市地下水约有 64%遭受严重污染，33%的城市地下水为轻度污染。全国污水排放总量呈逐年增加趋势。华北地下水重金属超标，局部地区地下水有机物污染严重，地下水饮用水源安全受到巨大威胁。更为严峻的是一些地区城市污水、生活垃圾和化肥农药等相互渗漏渗透，使地下水环境更加恶化，解决水污染的难度加大。

水体遭到污染，居民健康和工、农业生产以及自然环境都极易受到危害。危害的程度取决于污染物质的浓度、特性等因素。现将各种污染物的污染效应分述如下。

1. 悬浮物污染

含有大量悬浮物和可沉固体的污水排入水体，不但增加了水体中悬浮物质的浓度，提高了水的浊度，而且会在河底形成污泥层，危害底栖生物的繁殖，影响渔业生产。河底泥层的增厚将使河床断面缩小，有碍通航。污泥层若主要由有机物组成，则可能出现厌氧情况，恶化水质。

2. 有机物污染

这里所指的是以碳水化合物、蛋白质、氨基酸和脂肪等形式存在的自然有机物，是生活污水和部分生产污水的主要污染物质。它们的性质不稳定，随时随地都在转化。水体中的有机物常在微生物的参与下进行分解、转化。由于水环境条件和参与的微生物不同，有机物有两种分解形式，即好氧分解和厌氧分解。两种形式途径不同，得到的产物不同，对水体和环境的影响也不同。

1）好氧分解

在有游离氧存在的条件下，进入水体的有机物在好氧微生物的参与下进行氧化分解，反应的产物是 CO_2、H_2O、NO_3^-、SO_4^{2-} 和 PO_4^{3-} 等。这些产物无色、无臭、无害，对水体或环境不会造成什么危害。但好氧分解过程的反应速度快，需要消耗水体或环境中的游离氧，故有机物也称耗氧物质。若进入水体的有机物量不多，水中既含有充足的溶解氧，又能不断地从大气中补充氧气，使水体中溶解氧含量保持在一定数量以上，则氧化分解对水体影响不大；反之，有机物量多，好氧分解时会大量消耗水中的溶解氧，而从大气中补充的氧气不能满足需要，这时水体的溶解氧含量下降，长期处于 4 mg/L 以下，一般的鱼类就不能生存，而好氧分解可能转为厌氧分解。

2）厌氧分解

当水体中缺乏游离氧时，厌氧微生物对有机物的分解起主要作用。反应的主要产物有 CO_2、H_2O、NH_3、H_2S 等。厌氧分解进程缓慢，逸出的产物既有毒害作用，又有恶臭。例如，H_2S 是一种溶解性的毒性气体，具有臭鸡蛋的特殊气味，当它在空气中的稀释浓度大于等于 0.002 mg/L 时，人就会感觉到。硫化氢和铁盐反应生成硫化亚铁，使水色变黑，严重危害水环境卫生，造成公害。

3. 有毒物质污染

1）有机有毒物质

有机有毒物质主要是指酚类化合物及难以降解的蓄积性极强的有机农药和多联苯等。其主要来自农田排水和有关的工业废水，对环境危害大、时间长。有些是致癌物，如稠环芳香胺等。

2）无机有毒物质

无机有毒物质主要是指重金属及其化合物。这类物质在水体中也能转移，但与有机物不同，其污染特征主要有以下几点。

（1）重金属元素不易为生物所降解或完全不能为生物所降解，这方面已由众多实验结果所证实。

（2）大多数的金属离子及其化合物，易被水中悬浮颗粒所吸附而沉淀至水底的沉淀层中，如汞。河流泥沙对砷有很强的吸附能力，往往是含沙量越高，河水的含砷量也越高。

（3）金属离子在水中的迁移和转化与水体的酸、碱条件及氧化还原条件有关，例如河底泥沙中的汞，只有在还原条件下，才能甲基化，而甲基汞造成的危害最大；毒性强的六价铬在碱性条件下的迁移能力强于酸性条件；在酸性条件下，二价镉离子易随水迁移而被植物所吸收。

（4）某些金属离子及其化合物能被生物吸收并通过食物链逐渐富集到相当程度。食物链是指生物群落中各种动植物由于食物的关系所形成的一种联系。例如，水体中的藻类可作为浮游动物的食物，浮游动物可作为昆虫幼虫、虾类、鱼类的食物，虾、鱼等水生动物又可作为鸟类、兽类及人类的食物，于是污染物质从水中经下列顺序富集：植物性浮游生物→动物性浮游生物→小型鱼类→大型鱼类。

富集作用是食物链的一种突出的特性。某些重金属元素或其他有毒物质在水中浓度不高，但一些微生物（如藻类）可能对它们有选择性的浓缩富集作用，通过食物链又一级级地富集起来，成为某些动物和人类的食物时，可能达到很高的浓度，产生有害于机体的作用，如 DDT 在海水中的浓度介于 0.01 ~ 0.1 mg/L，在浮游生物中约为 0.1 mg/kg，从贝壳类动物的检出量一般为 1 ~ 10 mg/kg，而在以鱼类为食的鸟类和海产哺乳动物体内，能够高达 0 ~ 100 mg/kg，即浓缩了 10^3 倍，甚至是 10^6 倍；又如甲基汞通过食物链在鱼体内富集，达到 5 ~ 10 mg/kg 的含量，这种鱼被人食用后，在人体内富集，会损害人体健康。

4. 放射性污染

放射性污染分为人为放射性污染和天然放射性污染。目前掌握的 1 000 多种放射性同位素中，仅有 60 多种是天然的。天然放射性同位素及裂变产物可蓄积在食物链中，某些放射物质如镭（226）和铅（210）可被食用植物吸收，最后富集在哺乳动物的骨骼中。

人为放射性物质的主要来源是核爆炸试验产生的沉降物及核电站、同位素医药、同位素工业排放的污水。放射性污染对环境的影响是很大的，对人体的危害最为严重。

5. 病菌、病毒污染

水体中含有病菌和病毒，会影响当地居民或水源下游居民的身体健康。水常成为某些传染病的媒介。世界卫生组织将水和疾病之间的关系分为以下三类。

第一类疾病肯定是由水传播的。例如伤寒、细菌性痢疾、霍乱和血吸虫病等。

第二类疾病无肯定资料证明，很可能是由水传播的某些病糜所致，例如传染性肝炎、腹泄等病。

第三类疾病怀疑是由水传播的。例如胸膜病、小儿麻痹症等。因此，对水中病菌、病毒的观察与研究是十分重要的。

污水排入水体，不但使水中原有的物质组成发生变化，而且由于污染物质也参与能量和物质的转化及循环过程，原来正常固定的食物链发生不同程度的变化，破坏了已有的生态平衡，这就是水体污染的主要危害。

1.1.2 环境监测与水质监测

1.1.2.1 环境监测

环境监测是环境科学的一个重要分支学科。环境监测，是指通过对环境有影响的各种物质的含量、排放量以及各种环境状态参数的检测，跟踪、评价环境质量及变化趋势，确定环境质量水平，为环境管理、污染治理、防灾减灾等工作提供基础信息、方法指引和质量保证。"监测"一词的含义可以理解为监视、测定、监控等。因此，环境监测的内涵也可表示为：通过对影响环境质量因素的代表值的测定，确定环境质量（或污染程度）及其变化趋势。随着工业和科学的发展，环境监测的内涵也在不断扩展。由工业污染源的监测逐步发展到对大环境的监测，即监测对象不仅是影响环境质量的污染因子，还延伸到对生物、生态变化的监测。

环境监测的过程一般为：现场调查→监测计划设计→优化布点→样品采集→运送保存→分析测试→数据处理→综合评价等。

从信息技术角度看，环境监测是以环境信息为中心建立监测计划，依次经过获取、传递、分析等阶段，最终对环境质量综合评价的过程。环境监测的对象包括反映环境质量变化的各种自然因素、对人类活动及环境有影响的各种人为因素、对环境造成污染危害的各种成分因素。

1. 环境监测的目的

环境监测的目的是准确、及时、全面地反映环境质量现状及发展趋势，为环境管理、污染源控制、环境规划等提供科学依据。具体可归纳为以下几类。

（1）根据环境质量标准，评价环境质量。

（2）根据污染分布情况，追踪寻找污染源，为实现监督管理、控制污染提供依据。

（3）收集本底数据，积累长期监测资料，为研究环境容量、实施总量控制、目标管理、预测预报环境质量提供数据。

（4）为保护人类健康、保护环境、合理使用自然资源，以及制定环境保护法规、标准、规划等服务。

2. 环境监测的分类

环境监测可按监测介质对象或监测目的进行分类，也可按专业部门进行分类，如气象监测、卫生监测和资源监测等。

1）按监测介质对象分类

环境监测按照监测介质对象可分为水质监测、空气监测、土壤监测、固体废弃物监测、噪声和振动监测、生物监测、放射性监测、电磁辐射监测、热监测、光监测、卫生（病源体、病毒、寄生虫等）监测等。

因此，水质监测隶属于环境监测，是环境监测的一个分支。

2）按监测目的分类

（1）监视性监测。

监视性监测也称为例行监测或常规监测，是对指定的有关项目进行定期的、长时间的监测，以确定环境质量及污染源状况、评价控制措施的效果，衡量环境标准实施情况和环境保护工作的进展。这是监测工作中量最大、面最广的工作。

监视性监测包括对污染源的监督监测（污染物浓度、排放总量、污染趋势等）和环境质量监测（所在地区的空气、水质、噪声、固体废物等监督监测）。

（2）特定目的监测。

特定目的监测又称为特例监测或应急监测，可分为以下4种。

① 污染事故监测：在发生污染事故时进行应急监测，以确定污染物扩散方向、速度和危及范围，为控制污染提供依据。这类监测常采用流动监测（车、船等）、简易监测、低空航测、遥感等手段。

② 仲裁监测：主要针对污染事故纠纷、环境法执行过程中所产生的矛盾进行监测。仲裁监测应由国家指定的具有权威的部门进行，以提供具有法律责任的数据（公证数据），供执法部门、司法部门仲裁。

③ 考核验证监测：包括人员考核、方法验证和污染治理项目竣工时的验收监测。

④ 咨询服务监测：为政府部门、科研机构、生产单位所提供的服务性监测。例如建设新企业应进行环境影响评价，需要按评价要求进行监测。

（3）研究性监测。

研究性监测又称科研监测，是针对特定目的科学研究而进行的高层次的监测。例如，环境本底的监测及研究；有毒有害物质对从业人员的影响研究；为监测工作本身服务的科研工作的监测，如统一方法、标准分析方法的研究、标准物质的研制等。这类研究往往要求多学科合作进行。

1.1.2.2　水质监测

我国目前的水资源不仅表现为数量严重不足，而且水体质量也越来越差，水质污染问题日益突出。水的质量状况日益受到人们的重视。为了达到了解、保护、管理和改善水体质量的目的，必须对影响水体质量的物质的形态、性质和含量进行有计划的调查研究和监测，以便得到明确的认识，进而有助于利用立法、经济、教育、行政和技术等手段，有效地控制水体污染。因此，水质监测是进行水污染防治和水资源保护的基础，是贯彻执行水环境保护法规和实施水质管理的依据。

水质监测分为环境水体监测和水污染源监测。环境水体包括地表水（江、河、湖、库、海洋）和地下水。水污染源包括工业废水、生活污水、医院污水等。水质监测的目的可以概括为以下几个方面。

（1）提供代表水质质量现状的数据，供评价水体环境质量使用。

（2）确定水中污染物的时、空分布规律，追溯污染物的来源、污染途径、迁移转化和消长规律，预测水体污染的变化。

（3）判断水污染对环境生物和人体健康的影响，评价污染防治措施的实际效果，为制定有关法规、水质标准等提供科学依据。

（4）为建立和验证水质模型提供依据。

（5）为进一步开展水环境及其污染的理论研究提供依据。

水质监测的主要内容有水质监测方案制订、确定监测项目、监测网点布设、样品采集与保存、水质分析、数据处理及编制监测报告等。水质分析就是用化学或物理的方法，测定水中杂质的种类和数量，是水质监测的重要内容，也是水质监测的基础。

水质评价是水环境质量评价的简称，是根据水体的用途，按照一定的评价参数、质量标准和评价方法，对水体进行定性和定量评定的过程。水质评价是水资源保护工作的重要组成部分，它是一个综合性强、涉及面广的新兴学科。水质评价可分为现状评价和影响评价等多种类型。

1.2 水质指标和水质标准

1.2.1 水质指标

1.2.1.1 水质指标概述

水质指标是衡量水中杂质的标度，能具体表示出水中杂质的种类和数量，是水质评价的重要依据。

水质指标种类繁多，可达百种以上。其中有些水质指标就是水中某一种或某一类杂质的含量，直接用其浓度来表示，如汞、铬、硫酸根、六六六等的含量；有些水质指标是利用某一类杂质的共同特性来间接反映其含量，如用耗氧量、化学需氧量、生化需氧量等指标来间接表示有机污染物的种类和数量；有些水质指标是与测定方法有关的，带有人为性，如浑浊度、色度等是按规定配制的标准溶液作为衡量尺度的。水质指标也可分为物理指标、化学指标和微生物学指标三大类。

1. 物理指标

反映水的物理性质的一类指标统称物理指标。常用的物理指标有温度、浑浊度、色度、嗅味、固体含量、电导率等。

2. 化学指标

反映水的化学成分和特性的一类指标统称化学指标。常用的化学指标有以下几种类型。

（1）表示水中离子含量的指标：如硬度表示钙镁离子的含量，pH 反映氢离子的浓度等。

（2）表示水中溶解气体含量的指标，如二氧化碳、溶解氧等。

（3）表示水中有机物含量的指标，如耗氧量、化学需氧量、生化需氧量、总需氧量、总有机碳、含氮化合物等。

（4）表示水中有毒物质含量的指标：有毒物质分为两类，一类是无机有毒物，如汞、铅、铜、锌、铬等重金属离子和砷、硒、氰化物等非金属有毒物；另一类是有机有毒物，如酚类化合物、农药、取代苯类化合物、多氯联苯等。

3. 微生物学指标

反映水中微生物的种类和数量的一类指标统称微生物学指标。常用的微生物学指标有细菌总数、总大肠菌群等。

1.2.1.2 几个重要的水质指标

浊度：水中悬浮物对光线透过时所发生的阻碍程度。浊度是由于水中含有泥沙、有机物、无机物、浮游生物和其他微生物等杂质所造成的，是天然水和饮用水的一个重要水质指标。测定浊度的方法有分光光度法、目视比浊法、浊度计法等。

碱度：水中能与强酸发生中和作用的物质的总量。这类物质包括强碱、弱碱、强碱弱酸盐等。天然水中的碱度主要是由重碳酸盐、碳酸盐与氢氧化物引起的，其中重碳酸盐是水中碱度的主要形式。引起碱度的污染源主要是造纸、印染、化工、电镀等行业排放的废水及洗涤剂、化肥与农药在使用过程中的流失。碱度常用于评价水体的缓冲能力及金属在其中的溶解性与毒性等。

酸度：水中能与强碱发生中和作用的物质的总量。这类物质包括无机酸、有机酸、强酸弱碱盐等。地面水中，由于溶入二氧化碳或被机械、选矿、电镀、农药、印染、化工等行业排放的废水污染，因此，使水体 pH 降低，破坏了水生生物与农作物的正常生活及生长条件，造成鱼类死亡，作物受害。酸度是衡量水体水质的一项重要指标。

硬度：水中某些离子在水被加热的过程中，由于蒸发浓缩会形成水垢，常将这些离子的浓度称为硬度。对于天然水而言，这些离子主要是钙离子和镁离子，其硬度就是钙离子和镁离子的含量。硬度有总硬度、钙硬度、镁硬度、碳酸盐硬度（暂时硬度）、非碳酸盐硬度（永久硬度）等表示方式。

悬浮物（SS）：又称总不可滤残渣，指水样用 0.45 μm 滤膜过滤后，留在过滤器上的物质，于 103～105 ℃烘至恒重所得到的物质的质量，用 SS 表示，单位 mg。它包括不溶于水的泥沙、各种污染物、微生物及难溶无机物等。悬浮物含量是指单位水样体积中所含悬浮物的量，单位为 mg/L。

溶解氧（DO）：指溶解在水中的分子态氧，用 DO 表示，单位为 mg/L。水中溶解氧的含量与大气压、水温及含盐量等因素有关。大气压下降、水温升高、含盐量增加，都会导致溶解氧含量减低。一般清洁的河流，溶解氧接近饱和值，当有大量藻类繁殖时，溶解氧可能过饱和；当水体受到有机物质、无机还原物质污染时，会使溶解氧含量降低，甚至趋于零，此时厌氧细菌繁殖活跃，水质恶化。水中溶解氧低于 3 mg/L 时，许多鱼类呼吸困难，严重者窒息死亡。溶解氧是表示水污染状态的重要指标之一。

化学需氧量（COD）：在一定的条件下，以重铬酸钾（$K_2Cr_2O_7$）为氧化剂，氧化水中的还原性物质所消耗氧化剂的量，结果折算成氧的量，用 COD 表示，单位为 mg/L。

高锰酸盐指数（I_{Mn}）：在一定的条件下，以高锰酸钾（$KMnO_4$）为氧化剂，氧化水中的还原性物质所消耗氧化剂的量，结果折算成氧的量，用 I_{Mn} 表示，单位为 mg/L。

生化需氧量（BOD）：水中有机物在有氧的条件下，被微生物分解，在这个过程中所消耗的氧气的量，用 BOD 表示，单位为 mg/L。生化需氧量试验规定在温度为 20 ℃ 黑暗的条件下进行，在这样的环境中，微生物完全氧化有机物需 100 d 以上。在应用中时间太长有困难，目前国内外普遍规定（20±1）℃ 培养 5 d，分别测定样品培养前后的溶解氧，二者之差即 BOD_5（五日生化需氧量）值。

细菌总数：1 mL 水样在营养琼脂培养基中，在 37 ℃ 下经 24 h 培养后，所生长的细菌菌落的总数，称为细菌总数，单位为个/mL。

总大肠菌群数：1 L 水样中所含有的大肠菌群数目，称为总大肠菌群，单位为个/L。总大肠菌群是指那些能在 37 ℃ 下、48 h 之内发酵乳糖产酸、产气、需氧及兼性厌氧的格兰氏阴性的无芽胞杆菌。粪便中存在大量的大肠菌群细菌，总大肠菌群数是反映水体受粪便污染程度的重要指标。

1.2.2 水质标准

1.2.2.1 环境标准

环境标准是标准中的一类，它为了保护人群健康、防治环境污染、促使生态良性循环，同时又合理利用资源，促进经济发展，依据环境保护法和有关政策，对有关环境的各项工作，如有害成分含量及其排放源规定的限量阈值和技术规范所作的规定。环境标准是政策、法规的具体体现。

1. 环境标准的作用

（1）环境标准既是环境保护和有关工作的目标，又是环境保护的手段。它是制订环境保护规划和计划的重要依据。

（2）环境标准是判断环境质量和衡量环保工作优劣的准绳。评价一个地区环境质量的优劣、评价一个企业对环境的影响，只有与环境标准相比较才能有实现。

（3）环境标准是执法的依据。不论是环境问题的诉讼、排污费的收取、污染治理的目标等执法的依据都是环境标准。

（4）环境标准是组织现代化生产的重要手段和条件。通过实施标准可以制止任意排污，促使企业对污染进行治理和管理；采用先进的无污染、少污染工艺；设备更新；资源和能源的综合利用等。

总之，环境标准是环境管理的技术基础。

2. 环境标准的分类和分级

我国环境标准分为：环境质量标准、污染物排放标准（或污染控制标准）、环境基础标准、环境方法标准、环境标准物质标准和环保仪器、设备标准等六类。

环境标准分为国家标准和地方标准两级，其中环境基础标准、环境方法标准和标准物质标准等只有国家标准，并尽可能与国际标准接轨。

1）环境质量标准

环境质量标准是为了保护人类健康、维持生态良性平衡和保障社会物质财富，并考虑技术经济条件、对环境中有害物质和因素所作的限制性规定。它是衡量环境质量的依据、环保政策的目标、环境管理的依据，也是制定污染物控制标准的基础。

2）污染物排放标准

污染物排放标准是为了实现环境质量目标，结合技术经济条件和环境特点，对排入环境的有害物质或有害因素所作的控制规定。由于我国幅员辽阔，各地情况差别较大，因此不少省市制定了地方排放标准，但应该符合以下两点：① 国家标准中所没有规定的项目；② 地方标准应严于国家标准，以起到补充、完善的作用。

3）环境基础标准

环境基础标准是指在环境标准化工作范围内，对有指导意义的符号、代号、指南、程序、规范等所作的统一规定，是制定其他环境标准的基础。

4）环境方法标准

在环境保护工作中以试验、检查、分析、抽样、统计计算为对象制订的标准。

5）环境标准物质标准

环境标准物质是在环境保护工作中，用来标定仪器、验证测量方法、进行量值传递或质量控制的材料或物质。对这类材料或物质必须达到的要求所作的规定称为环境标准物质标准。

6）环保仪器、设备标准

为了保证污染治理设备的效率和环境监测数据的可靠性和可比性，对环境保护仪器、设备的技术要求所作的规定。

1.2.2.2　水质标准

水质标准是根据各用户的水质要求和废水排放容许浓度，对一些水质指标作出的定量规定。水质标准是环境标准的一种，是水质监测与评价的重要依据。目前我国已经颁布的水质标准包括水环境质量标准和水排放标准，主要标准如下所示。

水环境质量标准：《地表水环境质量标准》（GB 3838）、《生活饮用水卫生标准》（GB 5749）、《地下水质量标准》（GB/T 14848）、《海水水质标准》（GB 3097）、《渔业水质标准》（GB 11607）、《农田灌溉水质标准》（GB 5084）等。

排放标准：《污水综合排放标准》（GB 8978）、《城镇污水处理厂污染物排放标准》（GB 18918）、《医疗机构水污染物排放标准》（GB 18466）和一批工业水污染物排放标准，如《钢铁工业水污染物排放标准》（GB 13456）、《制浆造纸工业水污染物排放标准》（GB 3544）、《石油炼制工业污染物排放标准》（GB 31570）、《纺织染整工业水污染物排放标准》（GB 4287）等。

根据技术、经济及社会发展情况，标准通常几年修订一次。但每个标准的标准号通常是不变的，仅改变发布年份，新标准自然代替老标准。环境质量标准和排放标准，一般也有配套的测定方法标准，便于执行。

1）地表水环境质量标准

目前，我国使用的最新地表水环境质量标准为 GB 3838—2002。本标准适用于全国领域内江河、湖泊、运河、渠道、水库等具有使用功能的地表水域。具有特定功能的水域，执行相应的专业用水水质标准，其目的是保障人体健康、维护生态平衡、保护水资源、控制水污染及改善地面水质量和促进生产。依据地表水水域环境功能和保护目标、控制功能高低依次划分为五类：

Ⅰ类主要适用于源头水、国家自然保护区；

Ⅱ类主要适用于集中式生活饮用水地表水源地一级保护区、珍稀水生生物栖息地、鱼虾类产卵场、仔稚幼鱼的索饵场等；

Ⅲ类主要适用于集中式生活饮用水地表水源地二级保护区、鱼虾类越冬场、洄游通道、水产养殖区等渔业水域及游泳区；

Ⅳ类主要适用于一般工业用水区及人体非直接接触的娱乐用水区；

Ⅴ类主要适用于农业用水区及一般景观要求水域。

对应地表水上述五类水域功能，将地表水环境质量标准基本项目标准值分为五类，不同功能类别分别执行相应类别的标准值。水域功能类别高的标准值严于水域功能类别低的标准值。同一水域兼有多类使用功能的，执行最高功能类别对应的标准值。实现水域功能与达到功能类别标准为同一含义。

地表水环境质量标准见表 1-2 ~ 表 1-4。

表 1-2 地表水环境质量标准基本项目标准限值　　　　　　　　单位：mg/L

序号	项目　标准值　类别	Ⅰ	Ⅱ	Ⅲ	Ⅳ	Ⅴ
1	水温（℃）	人为造成的环境水温变化应限制在：周平均最大温升≤1　周平均最大温降≤2				

序号	项目 \ 类别 \ 标准值	I	II	III	IV	V
2	pH（无量纲）	6～9				
3	溶解氧≥	饱和率90%（或7.5）	6	5	3	2
4	高锰酸盐指数≤	2	4	6	10	15
5	化学需氧量（COD）≤	15	15	20	30	40
6	生化需氧量（BOD_5）≤	3	3	4	6	10
7	氨氮（NH_3-N）≤	0.15	0.5	1.0	1.5	2.0
8	总磷（以P计）≤	0.02（湖、库0.01）	0.1（湖、库0.025）	0.2（湖、库0.05）	0.3（湖、库0.1）	0.4（湖、库0.2）
9	总氮（湖、库，以N计）≤	0.2	0.5	1.0	1.5	2.0
10	铜≤	0.01	1.0	1.0	1.0	1.0
11	锌≤	0.05	1.0	1.0	2.0	2.0
12	氟化物（以F^-计）≤	1.0	1.0	1.0	1.5	1.5
13	硒≤	0.01	0.01	0.01	0.02	0.02
14	砷≤	0.05	0.05	0.05	0.1	0.1
15	汞≤	0.000 05	0.000 05	0.000 1	0.001	0.001
16	镉≤	0.001	0.005	0.005	0.005	0.01
17	铬（六价）≤	0.01	0.05	0.05	0.05	0.1
18	铅≤	0.01	0.01	0.05	0.05	0.1
19	氰化物≤	0.005	0.05	0.2	0.2	0.2
20	挥发酚≤	0.002	0.002	0.005	0.01	0.1
21	石油类≤	0.05	0.05	0.05	0.5	1.0
22	阴离子表面活性剂≤	0.2	0.2	0.2	0.3	0.3
23	硫化物≤	0.05	0.1	0.2	0.5	1.0
24	粪大肠菌群（个/L）≤	200	2 000	10 000	20 000	40 000

表 1-3 集中式生活饮用水地表水源地补充项目标准限值　　单位：mg/L

序　号	项　目	标准值
1	硫酸盐（以SO_4^{2-}计）	250
2	氯化物（以Cl^-计）	250
3	硝酸盐（以N计）	10
4	铁	0.3
5	锰	0.1

表 1-4 集中式生活饮用水地表水源地特定项目标准限值（摘录）   单位：mg/L

序号	项　目	标准值	序号	项　目	标准值
1	三氯甲烷	0.06	21	丙烯酰胺	0.000 5
2	四氯化碳	0.002	22	丙烯腈	0.1
3	三溴甲烷	0.1	23	邻苯二甲酸二丁酯	0.003
4	二氯甲烷	0.02	24	邻苯二甲酸二（2-乙基己基）酯	0.008
5	1，2-二氯乙烷	0.03	25	水合肼	0.01
6	环氧氯丙烷	0.02	26	四乙基铅	0.000 1
7	氯乙烯	0.005	27	吡啶	0.2
8	1，1-二氯乙烯	0.03	28	松节油	0.2
9	1，2-二氯乙烯	0.05	29	苦味酸	0.5
10	三氯乙烯	0.07	30	丁基黄原酸	0.005
11	四氯乙烯	0.04	31	活性氯	0.01
12	氯丁二烯	0.002	32	滴滴涕	0.001
13	六氯丁二烯	0.000 6	33	林丹	0.002
14	苯乙烯	0.02	34	环氧七氯	0.000 2
15	甲醛	0.9	35	对硫磷	0.003
16	乙醛	0.05	36	甲基对硫磷	0.002
17	丙烯醛	0.1	37	马拉硫磷	0.05
18	苯	0.01	38	敌敌畏	0.05
19	甲苯	0.7	39	敌百虫	0.05
20	乙苯	0.3	40	二甲苯	0.5

表 1-2 中基本要求和水温属于感官性状指标，pH、生化需氧量（BOD）、高锰酸盐指数和化学需氧量（COD）是保证水质自净的指标，磷和氮是防止封闭水域富营养化的指标，大肠菌群是细菌学指标，其他属于化学、毒理指标。

2）生活饮用水卫生标准

生活饮用水是指由集中式供水单位直接供给居民作为饮水和生活用水，该水的水质必须确保居民终生饮用安全，它与人体健康有直接关系。集中式供水指由水源集中取水，经统一净化处理和消毒后，由输水管网送到用户的供水方式，它可以由城建部门建设，也可以由单位自建。制定标准的原则和方法基本上与地表水环境质量标准相同，所不同的是饮用水不存在自净问题。因此无 BOD、DO 等指标。

生活饮用水水质与人类健康和生活息息相关，世界各国对饮用水水质标准极为关注。随着科学技术的进步和水源污染的日益严重，同时随着水质检测技术及医药科学的不断发展，饮用水水质标准总在不断修改、补充之中。我国自 1956 年颁发《生活饮用水卫生标准（试行）》，1986 年实施《生活饮用水卫生标准》（GB 5749—1985），随后进行了多次修订，水质指标项目不断增加。2006 年实施了新的《生活饮用水卫生标准》（GB 5749—2006），水质指标由 GB 5749—1985 的 35 项增加至 106 项，增加了 71 项，修订了 8 项。

尽管现在实施的《生活饮用水卫生标准》（GB 5749—2006）增加了较多项目，但对于污染较严重的水源地水质来说，可能存在少量有毒有害物质尚未被列入《生活饮用水卫生标准》（GB 5749—2006）。与世界上发达国家相比，我国《生活饮用水卫生标准》（GB 5749—2006）所规定的项目也少些。例如，农药、多环芳烃及有机氯化物的总量限制值等未被列入。因此，若水源地水质污染较严重，而我国尚未列入《生活饮用水卫生标准》（GB 5749—2006）的水质项目，可参照国家相关标准进行评定。

生活饮用水卫生标准（摘录）见表 1-5 ~ 表 1-8。

表 1-5　水质常规指标及限值（摘录）

指　　标	限　　值
1. 微生物指标①	
总大肠菌群（MPN/100 mL 或 CFU/100 mL）	不得检出
菌落总数（CFU/mL）	100
2. 毒理指标	
砷（mg/L）	0.01
镉（mg/L）	0.005
四氯化碳（mg/L）	0.002
甲醛（使用臭氧时，mg/L）	0.9
3. 感官性状和一般化学指标	
色度（铂钴色度单位）	15
浑浊度（NTU‾散射浊度单位）	1 水源与净水技术条件限制时为 3
臭和味	无异臭、异味
肉眼可见物	无
pH（pH 单位）	不小于 6.5 且不大于 8.5
铝（mg/L）	0.2
铁（mg/L）	0.3
氯化物（mg/L）	250
硫酸盐（mg/L）	250
溶解性总固体（mg/L）	1 000
总硬度（以 CaCO₃ 计，mg/L）	450

指　标	限　值
耗氧量（COD_{Mn}法，以O_2计，mg/L）	3 水源限制，原水耗氧量大于 6 mg/L 时为 5
挥发酚类（以苯酚计，mg/L）	0.002
阴离子合成洗涤剂（mg/L）	0.3
4. 放射性指标[②]	指导值
总 α 放射性（Bq/L）	0.5
总 β 放射性（Bq/L）	1

① MPN 表示最可能数，CFU 表示菌落形成单位。当水样检出总大肠菌群时，应进一步检验大肠埃希氏菌或耐热大肠菌群；水样未检出总大肠菌群，则不必检验大肠埃希氏菌或耐热大肠菌群。

② 放射性指标超过指导值，应进行核素分析和评价，判定能否饮用

表1-6　饮用水中消毒剂常规指标及要求

消毒剂名称	与水接触时间	出厂水中限值	出厂水中余量	管网末梢水中余量
氯气及游离氯制剂 （游离氯，mg/L）	至少 30 min	4	≥0.3	≥0.05
一氯胺（总氯，mg/L）	至少 120 min	3	≥0.5	≥0.05
臭氧（O_3，mg/L）	至少 12 min	0.3		0.02 如加氯，总氯不小于 0.05
二氧化氯（ClO_2，mg/L）	至少 30 min	0.8	≥0.1	≥0.02

表1-7　水质非常规指标及限值（摘录）

指　标	限　值
1. 微生物指标	
贾第鞭毛虫（个/10 L）	<1
隐孢子虫（个/10 L）	<1
2. 毒理指标	
钼（mg/L）	0.07
镍（mg/L）	0.02
氯化氰（以 CN^- 计，mg/L）	0.07
二氯甲烷（mg/L）	0.02
三卤甲烷（三氯甲烷、一氯二溴甲烷、二氯一溴甲烷、三溴甲烷的总和）	该类化合物中各种化合物的实测浓度与其各自限值的比值之和不超过 1

指　　标	限　　值
六六六（总量，mg/L）	0.005
滴滴涕（mg/L）	0.001
乙苯（mg/L）	0.3
甲苯（mg/L）	0.7
苯（mg/L）	0.01
氯乙烯（mg/L）	0.005
氯苯（mg/L）	0.3
3. 感官性状和一般化学指标	
氨氮（以 N 计，mg/L）	0.5
硫化物（mg/L）	0.02
钠（mg/L）	200

表 1-8　农村小型集中式供水和分散式供水部分水质指标及限值

指　　标	限　　值
1. 微生物指标	
菌落总数（CFU/mL）	500
2. 毒理指标	
砷（mg/L）	0.05
氟化物（mg/L）	1.2
硝酸盐（以 N 计，mg/L）	20
3. 感官性状和一般化学指标	
色度（铂钴色度单位）	20
浑浊度（NTU¯散射浊度单位）	3 水源与净水技术条件限制时为 5
pH（pH 单位）	不小于 6.5 且不大于 9.5
溶解性总固体（mg/L）	1 500
总硬度（以 $CaCO_3$ 计，mg/L）	550
耗氧量（COD_{Mn} 法，以 O_2 计，mg/L）	5
铁（mg/L）	0.5
锰（mg/L）	0.3
氯化物（mg/L）	300
硫酸盐（mg/L）	300

3）回用水标准

我国人均水资源占有量很少，属于世界上 21 个贫水和最缺水的国家之一，特别是北方和西北地区水资源非常短缺，因此水资源经使用、处理后再回用十分重要。回用水水质标准应根据生活杂用、行业及生产工艺要求来制订，我国正在逐步制订，已经颁布的有：《再生水回用于景观水体的水质标准》（CJ/T 95—2000）和《生活杂用水水质标准》（CJ 25.1—1989）等。

4）污水综合排放标准

污水排放标准是指为了保证环境水体质量而对排放污水的一切企、事业单位所作的规定。这里可以是浓度控制、也可以是总量控制。前者执行方便，后者是基于受纳水体的功能和实际，得到允许总量再予分配的方法，它更科学，但实际执行较困难。发达国家大多采用排污许可证和行业排放标准相结合的方法，这是以总量控制为基础的双重控制，许可证规定了在有效期内向指定受纳水体排放限定的污染物种类和数量，实际是以总量为基础，而行业排放标准则是根据各行业特点所制定，符合生产实际。这种方法需要以大量的基础研究为前提，例如，美国有超过 100 个行业标准，每个行业下还有很多子类。中国由于基础工作尚有待完善，总体上采用按收纳水体的功能区类别分类规定排放标准值、重点行业实行行业排放标准，非重点行业执行综合污水排放标准、分时段、分级控制。部分地区也已实施排污许可证相结合，总体上逐步与国际接轨。

《污水综合排放标准》（GB 8978—1996）适用于排放污水和废水的一切企、事业单位。按地表水域使用功能要求和污水排放去向，分别执行一、二、三级标准，对于保护区禁止新建排污口，已有的排污口应按水体功能要求，实行污染物总量控制。

标准将排放的污染物按其性质及控制方式分为两类。

第一类污染物，不分行业和污水排放方式，也不分受纳水体的功能类别，一律在车间或车间处理设施排放口采样，其最高允许排放浓度必须符合表 1-9 的规定。第一类污染物是指能在环境或动植物内蓄积，对人体健康产生长远不良影响者。

第二类污染物，指长远影响小于第一类的污染物质，在排污单位排放口采样，其最高允许排放浓度。对第二类污染物区分 1997 年 12 月 31 日前和 1998 年 1 月 1 日后建设的单位分别执行不同标准值；同时有 29 个行业的行业标准纳入本标准（最高允许排水量、最高允许排放浓度），见表 1-10。

表 1-9　第一类污染物最高允许排放浓度　　　　　　单位：mg/L

序号	污染物	最高允许排放浓度
1	总汞	0.05
2	烷基汞	不得检出
3	总镉	0.1
4	总铬	1.5
5	六价铬	0.5

序号	污染物	最高允许排放浓度
6	总砷	0.5
7	总铅	1.0
8	总镍	1.0
9	苯并（a）芘	0.000 03
10	总铍	0.005
11	总银	0.5
12	总α放射性	1 Bq/L
13	总β放射性	10 Bq/L

表 1-10　第二类污染物最高允许排放浓度（摘录）

（1998 年 1 月 1 日后建设单位）　　　　　　　　单位：mg/L

序号	污染物	适用范围	一级标准	二级标准	三级标准
1	pH	一切排污单位	6～9	6～9	6～9
2	色度（稀释倍数）	一切排污单位	50	80	—
3	悬浮物（SS）	采矿、选矿、选煤工业	70	300	—
		脉金选矿	70	400	—
		边远地区砂金选矿	70	800	—
		城镇二级污水处理厂	20	30	—
		其他排污单位	70	150	400
4	五日生化需氧量（BOD$_5$）	甘蔗制糖、苎麻脱胶、湿法纤维板、染料、洗毛工业	20	60	600
		甜菜制糖、酒精、味精、皮革、化纤浆粕工业	20	100	600
		城镇二级污水处理厂	20	30	—
		其他排污单位	20	30	300
5	化学需氧量（COD）	甜菜制糖、合成脂肪酸、湿法纤维板、染料、洗毛、有机磷农药工业	100	200	1 000
		味精、酒精、医药原料药、生物制药、苎麻脱胶、皮革、化纤浆粕工业	100	300	1 000
		石油化工工业（包括石油炼制）	60	120	500
		城镇二级污水处理厂	60	120	—
		其他排污单位	100	150	500

序号	污染物	适用范围	一级标准	二级标准	三级标准
6	石油类	一切排污单位	5	10	20
7	动植物油	一切排污单位	10	15	100
8	挥发酚	一切排污单位	0.5	0.5	2.0
9	总氰化物	一切排污单位	0.5	0.5	1.0
10	硫化物	一切排污单位	1.0	1.0	1.0
11	氨氮	医药原料药、染料、石油化工工业	15	50	—
		其他排污单位	15	25	—
12	氟化物	黄磷工业	10	15	20
		低氟地区（水体含氟量<0.5 mg/L）	10	20	30
		其他排污单位	10	10	20
13	磷酸盐（以P计）	一切排污单位	0.5	1.0	—
14	甲醛	一切排污单位	1.0	2.0	5.0
15	苯胺类	一切排污单位	1.0	2.0	5.0
16	硝基苯类	一切排污单位	2.0	3.0	5.0
17	阴离子表面活性剂（LAS）	一切排污单位	5.0	10	20
18	总铜	一切排污单位	0.5	1.0	2.0
19	总锌	一切排污单位	2.0	5.0	5.0
20	总锰	合成脂肪酸工业	2.0	5.0	5.0
		其他排污单位	2.0	2.0	5.0
21	元素磷	一切排污单位	0.1	0.1	0.3
22	有机磷农药（以P计）	一切排污单位	不得检出	0.5	0.5
23	三氯乙烯	一切排污单位	0.3	0.6	1.0
24	四氯乙烯	一切排污单位	0.1	0.2	0.5
25	苯	一切排污单位	0.1	0.2	0.5
26	甲苯	一切排污单位	0.1	0.2	0.5
27	乙苯	一切排污单位	0.4	0.6	1.0
28	氯苯	一切排污单位	0.2	0.4	1.0
29	苯酚	一切排污单位	0.3	0.4	1.0
30	粪大肠菌群数	医院[①]、兽医院及医疗机构含病原体污水	500 个/L	1 000 个/L	5 000 个/L
		传染病、结核病医院污水	100 个/L	500 个/L	1 000 个/L

序号	污染物	适用范围	一级标准	二级标准	三级标准
31	总余氯（采用氯化消毒的医院污水）	医院①、兽医院及医疗机构含病原体污水	<0.5②	>3（接触时间≥1 h）	>2（接触时间≥1 h）
		传染病、结核病医院污水	<0.5②	>6.5（接触时间≥1.5 h）	>5（接触时间≥1.5 h）
32	总有机碳（TOC）	合成脂肪酸工业	20	40	—
		苎麻脱胶工业	20	60	—
		其他排污单位	20	30	—

注：其他排污单位是指除在该控制项目中所列行业以外的一切排污单位。
① 50个床位以上的医院；② 指加氯消毒后须进行脱氯处理，达到本标准。

1.3　水质分析方法

水质分析就是分析天然水体、生活用水、生产用水、生活污废水、生产废水等各类水体中含有哪些成分、含量多少等。它是分析方法、分析技术在水质研究中的应用。

分析化学是专门研究物质化学组成的分析方法及有关理论的一门学科。在分析化学中，根据分析目的的要求，将分析方法分为定性分析和定量分析两大类。定性分析就是鉴定物质有哪些组成成分，定量分析就是测定物质各组成成分的含量。在具体分析工作中，首先必须了解物质的定性组成，即试样的主要成分和主要杂质，必要时要做试样的全分析，然后根据测定要求选择适当的定量分析方法。对于水质分析，一般都事先知道被分析的水样含有什么杂质，工业废水尽管成分复杂，但也可根据生产工艺、所用原材料和产品等情况预测出来。所以，除特殊情况外，水的定性分析较少采用，因此本书主要讨论定量分析的常用分析方法。

根据分析方法的原理及特点，一般将水质分析的定量分析方法分为化学分析和仪器分析两大类。

1.3.1　化学分析法

化学分析法是以物质的化学反应为基础的分析方法，也称为经典化学分析法。化学分析法历史悠久，是分析化学的基础。其主要有滴定分析法和重量分析法。

1.3.1.1　滴定分析法

滴定分析法又称容量分析法，这种方法是将一种已知准确浓度的试剂溶液滴加到被测物质的溶液中，直到所加的试剂与被测物质按化学计量关系定量反应完为止，再根据试剂溶液的浓度和用量计算被测物质的含量。

已知准确浓度的试剂溶液称为标准溶液（滴定剂），将滴定剂滴加到被测物质溶液中的过程，称为"滴定"。当加入的滴定剂与被测物质正好按化学计量关系定量反应完时，称为滴定的"化学计量点"（理论终点）。

在实际滴定过程中，利用指示剂在"化学计量点"附近发生颜色突变来确定"滴定终点"。由于指示剂并不一定恰好在"化学计量点"时变色，那么"滴定终点"与"化学计量点"之间可能会存在着一个很小的差别，由此而造成的分析误差称为"滴定误差"，但如果选择合适的指示剂则可忽略该误差。

滴定分析法常用来测定一些常量组分，即被测组分的含量一般在 1%以上，有时也可以测定微量组分。滴定分析法的准确度较高，一般测定时的相对误差在 0.2%左右，而且具有所需的仪器设备简单、操作简便、测定快速等优点，因此在水质分析中被广泛采用，成为水质分析最基本的分析方法之一。

化学分析方法是以化学反应为基础的，滴定分析是化学分析法中一类重要的分析方法。根据所利用的化学反应类型不同，滴定分析分为四种。

1. 酸碱滴定法

酸碱滴定法是一种利用酸碱反应为基础的滴定分析方法，又叫中和法。利用酸碱滴定法可以测定酸、碱以及能与酸、碱起反应的物质的含量。在水质分析中，酸碱滴定法的应用相当广泛，如碱度、酸度、二氧化碳等项目的测定等，其反应实质如下：

$$H^+ + OH^- \rightleftharpoons H_2O$$

2. 配位滴定法

配位滴定法是指利用配位反应进行滴定的方法。常用乙二胺四乙酸二钠（即 ED-TA）为滴定剂来测定金属离子，最后产物为配合物。在水质分析中常用于测定 Ca^{2+}、Mg^{2+}、Fe^{3+}、Al^{3+} 等金属离子，还能间接测定 SO_4^{2-}、PO_4^{3-} 等阴离子。其反应实质如下：

$$M^{2+} + Y^{4-} \rightleftharpoons MY^{2-}$$

其中，M^{2+} 为二价金属离子；Y^{4-} 为 EDTA 的阴离子。

例如水中 Ca^{2+}、Mg^{2+} 含量的测定，其主要步骤如下。

（1）取一定体积的水样 $V_{水样}$。

（2）在水样中加入 10%的 NaOH 溶液，控制溶液的 pH 为 12，使 Mg^{2+} 生成 $Mg(OH)_2$ 沉淀：

$$Mg^{2+} + 2OH^- \rightleftharpoons Mg(OH)_2 \downarrow$$

（3）向水样中加入钙指示剂（NN），指示剂与 Ca^{2+} 生成酒红色络合物。

（4）再用 EDTA 标准溶液进行滴定，滴入的 EDTA 首先与游离的 Ca^{2+} 配合，接近终点时，EDTA 便从 Ca-NN 中夺取 Ca^{2+}，并把指示剂置换出来，当溶液由酒红色（Ca-NN 的颜色）变为蓝色（NN 的颜色）时，即指示终点到来。

（5）根据 EDTA 标准溶液的浓度及用量，可计算出水的 Ca^{2+} 含量：

$$c(Ca^{2+})(mol/L)=\frac{c_{EDTA}\times V_{EDTA}}{V_{水样}} \qquad (1\text{-}1)$$

（6）根据总硬度和 Ca^{2+} 含量可计算出 Mg^{2+} 含量：

$$c(Mg^{2+})(mmol/L)=c(Ca^{2+}+Mg^{2+})(mmol/L)-c(Ca^{2+})(mmol/L) \qquad (1\text{-}2)$$

3. 氧化还原滴定法

利用氧化还原反应进行滴定的方法。其中包括高锰酸钾法、重铬酸钾法和碘量法等，用来测定一些能被氧化或能被还原的物质。例如：

$$MnO_4^- + 5Fe^{2+} + 8H^+ = Mn^{2+} + 5Fe^{3+} + 4H_2O$$

4. 沉淀滴定法

利用沉淀反应进行滴定的方法。这类滴定中有沉淀产生，如用 $AgNO_3$ 为滴定剂测定卤素离子。

$$Ag^+ + X^- = AgX$$

以上四种方法各有其优点及局限性，当同一物质可选用几种方法进行滴定时，必须根据被测物质的性质、含量、试样组分、是否有干扰离子以及分析结果的准确度要求等多种因素选用适当的测定方法。

化学反应类型较多，能适用于滴定分析的化学反应必须满足以下四个条件。

（1）反应要定量地完成。即被测物质与标准溶液所发生的反应要按一定的化学方程式进行，而且反应必须接近完全（要求达到 99.9%），无副反应发生。

（2）反应迅速。要求反应在瞬间完成，对于速度较慢的反应，可以通过加热或加催化剂等方法来加快反应速度。

（3）必须要有适当方法指示终点，即可选用适当指示剂。

（4）试液中不能有干扰性杂质。

凡是能完全满足上述要求的反应，都可以用标准溶液直接滴定被测物质。如果反应不能完全符合上述要求，则可采用返滴法、置换法及间接法等滴定方法。

1.3.1.2　基准物质和标准溶液

滴定分析中离开标准溶液则无法计算分析结果。因此，正确地配制标准溶液，准确地标定标准溶液的浓度，妥善地保存标准溶液，对于提高滴定分析的准确度具有重要的意义。

1）基准物质

能用于直接配制或标定标准溶液的物质，称为基准物质或标准物质。作为基准物质，应符合下列 4 个条件。

（1）纯度高，杂质的含量应低于滴定分析所允许的误差限度。

（2）组成恒定，组成与化学式完全相符，若含结晶水，其含量也应与化学式完全相同。

（3）性质稳定，保存时应该稳定，加热干燥时不挥发、不分解，称量时不吸收空气中的水分和二氧化碳。

（4）具有较大的摩尔质量，这样称量时相对误差较小。

2）常用的基准物质

常用的基准物质主要有纯金属和纯化合物。

用于酸碱滴定的有：十水合碳酸钠（$Na_2CO_3 \cdot 10H_2O$）、硼砂（$Na_2B_4O_7 \cdot 10H_2O$）、草酸（$H_2C_2O_4 \cdot 2H_2O$）、邻苯二甲酸氢钾（$KHC_8H_4O_4$）等。

用于络合滴定的有：金属锌、碳酸钙（$CaCO_3$）。

用于沉淀滴定的有：硝酸银、氯化钠。

用于氧化还原滴定的有：重铬酸钾（$K_2Cr_2O_7$）、草酸（$H_2C_2O_4 \cdot 2H_2O$）或草酸钠（$Na_2C_2O_4$）、金属铜以及溴酸钾等。

3）标准溶液的配制

标准溶液是指已知准确浓度的试剂溶液。标准溶液的配制方法如下。

（1）直接法。准确称取一定量的基准物质，用蒸馏水溶解后定量转移到容量瓶中，摇匀后即成准确浓度的标准溶液。只能用于基准物质，溶液的浓度根据所称基准物质的量和容量瓶的体积计算。

（2）间接法。先用台秤、烧杯、量筒等粗略地称取一定量的物质或量取一定体积的溶液，配制成接近所需浓度的溶液。然后用基准物质或另一种标准溶液来测定它的准确浓度。这种测定溶液准确浓度的操作过程称为标定。例如配制 NaOH 标准溶液，可以先配成近似浓度，再用该溶液滴定准确称量的邻苯二甲酸氢钾，根据 NaOH 溶液的用量和邻苯二甲酸氢钾的质量计算出 NaOH 标准溶液的准确浓度。

4）标准溶液浓度表示法

（1）物质的量浓度。物质的量浓度简称浓度，是指单位体积溶液中所含溶质的物质的量。物质的量浓度 c 的国际单位为 mol/m^3（摩尔每立方米）。由于该单位太大，在化学中常用的单位符号为 mol/L（摩尔每升）。

（2）滴定度。在实际工作中，例如工厂实验室经常需要对大量试样测定其中同一组分的含量。在这种情况下，常用滴定度来表示标准溶液的浓度，这样，对计算待测组分的含量就比较方便，只要把滴定时所用标准溶液的毫升数乘以滴定度，就可得到被测物质的含量。

滴定度是指 1 mL 标准溶液相当于被测物质的质量（单位为 g 或 mg），用符号 T 表示。

1.3.1.3　重量分析法

重量分析法是通过一系列的操作步骤（如反应、沉淀、过滤、烘干、恒重等）使样品中的待测组分转化为另一种纯粹的、固定化学组成的化合物，再通过称量该化合物的质量，从而计算出待测组分的含量。重量分析法一般适合于高含量或中含量组分的测定，且准确度较高，常作为一些测定的仲裁方法，但因为分析过程烦琐、费时间、分析速度较慢，所以在水质常规分析中实际应用不多。

1.3.2　仪器分析法

仪器分析法是通过使用复杂或特殊的仪器设备测试物质的某些物理或物理化学性质来进行分析的方法，也称为物理或物理化学分析法。仪器分析法起步较晚，是从化学分析法发展变化而来的，在某些方面，两种分析方法也没有绝对的界限，但经过近几十年的迅速发展，仪器分析法越来越成熟，并且有其独特的地方，有的方法还成为水质分析的最常用方法及标准方法，从而取代化学分析法。

仪器分析法有多种分类方法，一般都是根据测定方法的原理分类，可分为光学分析法、电化学分析法、色谱分析法及其他分析法。

1.3.2.1　光学分析法——分光光度法

光学分析法又称光谱分析法，是以物质的光学光谱性质为基础的分析方法。它又可细分为吸收光谱和发射光谱（也有人根据测定光学性质时物质所呈状态分为原子光谱和分子光谱），具体有比色法、分光光度法、原子发射光谱法。以常用的分光光度法为例，具体介绍如下。

1. 分光光度法基本原理

1）光的性质

光是一种电磁辐射，其最小单位是光子，光子具有一定的能量（E），它与光波频率（v）或波长（λ）的关系为

$$E = hv = h\frac{c}{\lambda} \tag{1-3}$$

式中　h——普朗克常数；

　　　c——光速。

从式（1-3）可知，光子的能量与频率或波长相对应，波长越长能量越小，波长越短能量越大。

电磁辐射的覆盖范围很大，按照波长由短到长的顺序，依次可分为 γ 射线、X 射线、紫外线、可见光、红外线、微波、无线电波。可见光就是我们平时可以直接用肉眼观察到的光，其波长范围为 400～760 nm。在该范围内，不同波长的可见光对人眼产生不同的刺激，人眼感觉到的效果就呈现不同的颜色。我们将具有不同颜色的光，称为色光。各种色光之间并无严格的界限，绿色与黄色之间有各种不同色调的黄绿色。

人们日常所见的白光，就是由上述色光按一定比例混合而产生的一种综合效果，故

称为混合光。如果将一束白光通过棱镜色散，也可以将白光分解成上述色光，并按波长的次序排列成一条光带。

只具有一种波长用棱镜不能再分解的光，叫做单色光。从严格意义上来讲，单色光就是具有唯一波长的光，上述的色光也不能称为单色光，最多只能称为近似的单色（相对于人眼的分辨率），因为每种色光都具有一定的波长范围。如绿色光就包括 500 ~ 560 nm 的各种单色光。

2）溶液的颜色与溶液对光的选择性吸收

不同溶液会呈现不同的颜色，这是由于溶液对不同波长的光选择性吸收的结果。在白光的照射下，如果可见光几乎全部被吸收，则溶液呈黑色；如果全部不吸收或吸收极少，则溶液呈无色；如果只吸收或最大程度吸收某种波长的色光，则溶液呈被吸收色光的互补色。例如当白光通过 $KMnO_4$ 溶液时，它选择性地吸收了白光中的绿色光，其他色光不被吸收而透过溶液，从互补规律可知，透过的光线中，除紫色光外，其他颜色的光互补成白光，所以 $KMnO_4$ 溶液呈透过光的颜色，即紫色。

为了更详细地了解溶液对光的选择性吸收性质，可以使用不同波长的单色光分别通过某一固定浓度和厚度的有色溶液，测量该溶液对各种单色光的吸收程度（即吸光度），以波长 λ 为横坐标、吸光度 A 为纵坐标作图，所得曲线称为光吸收曲线，该曲线能够很清楚地描述溶液对不同波长单色光的吸收能力（见图 1-1）。

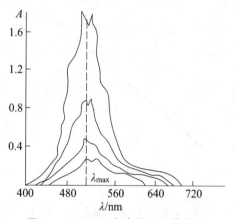

图 1-1　$KMnO_4$ 溶液的光吸收曲线

图 1-1 是 4 种不同浓度 $KMnO_4$ 溶液的光吸收曲线。从图中可以看出，不管浓度大小，在可见光范围内，$KMnO_4$ 溶液对波长 525 nm 附近的绿色光吸收最多，而对紫色和红色光吸收很少。光吸收最大处的波长称为最大吸收波长，常用 λ_{max} 表示。$KMnO_4$ 溶液的 λ_{max} 为 525 nm。浓度不同时，溶液对光的吸收程度（吸光度）不同，由于最大吸收波长不变，故 4 条光吸收曲线的形状相似。

3）光的吸收定律

从直观上不难理解，由于光线透过溶液时，溶液中的质点（分子、原子、离子）选择性地吸收某一波长的光，所以溶液的浓度越大或液层越厚，光透过的质点就越多，光被吸收得越多，则透过的光就越少。

实践证明，当一束平行的单色光通过均匀、非散射的稀溶液时，溶液对光的吸收程度与溶液的浓度及液层厚度的乘积成正比。此定量关系称为光的吸收定律，也叫朗伯-比尔定律。它的数学表达式为

$$A = KCb \qquad\qquad (1\text{-}4)$$

式中　A——溶液对光的吸收强度；

　　　K——比例常数，与入射光的波长、溶液的性质及温度有关；

　　　C——溶液的浓度；

　　　b——液层的厚度。

2. 分光光度法的应用

利用分光光度法测定被测溶液浓度时，一般采用标准曲线法。即在朗伯-比尔定律的浓度范围内，配制一系列不同浓度的溶液，显色后在相同条件下分别测定它们的吸光强度值，然后以各标准溶液的浓度 C 为横坐标、对应的吸光度 A 为纵坐标作图，得到一条直线，该直线称为标准曲线或工作曲线，如图 1-2 所示。

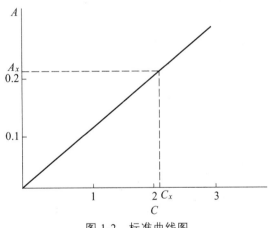

图 1-2　标准曲线图

然后，在同样的条件下测出样品溶液的吸光度 A_x 值。根据 A_x 值，从标准曲线上直接查出样品的含量，或利用直线方程计算出样品的含量 C_x。这种方法准确度较高，主要适用于批量试样的分析，简单快捷。

对于单个样品或少量样品的测试也可以采用比较法，以加快分析速度。方法是：在同一条件下，分别测定标准溶液和被测样品溶液的吸光度，由朗伯-比尔定律可知，二者的浓度比等于吸光度之比，从而可计算出被测样品的含量。不过应该注意，由于随机误差的原因，该方法的准确度一般没有标准曲线法好，另外标准溶液与被测溶液浓度相差较大时该方法有较大的误差。

分光光度法的特点如下。

（1）用仪表代替人眼，不但消除了人的主观误差，而且将入射光的波长范围由可见光区扩大到了紫外光区和红外光区，使许多在紫外光区和红外光区有吸收峰的无色物质都可以直接用分光光度法测定。

（2）用较高纯度的单色光代替了白光，更严格地满足朗伯-比尔定律要求，使偏离朗伯-比尔定律的情况大为减少，从而提高了灵敏度和准确度。

（3）当溶液中有多种组分共存时，只要吸收曲线不十分重叠，就可以选取适当波长入射光直接测定而避免相互影响，不需通过专门的样品预处理来消除干扰。甚至可以选择合适波长的入射光同时测出多种组分含量。

3. 分光光度计

1）分光光度计的分类

分光光度计是分光光度法所必需的仪器，种类很多，一般按测定波长范围来分类，如表 1-11 所示。

表 1-11　分光光度计的分类

分　类	工作波长范围（nm）	光　源	单色器	检测器	典型仪器
可见光分光光度计	360～760 330～800	钨灯 卤钨灯	玻璃棱镜或光栅	光电管	721 型 722 型
紫外、可见光分光光度计	200～1 000	氢灯和钨灯	石英棱镜或光栅	光电管或光电倍增管	751 型 WFD-8 型
红外分光光度计	760～40 000	娃碳棒或辉光灯	岩盐或萤石棱镜	热电堆或测辐射热器	WFD 型 WFD-7 型

2）分光光度计的基本构成

尽管分光光度计的种类、型号很多，但都是由下列基本部件构成的：

光源→单色器→吸收池→检测系统

（1）光源。在吸光度的测量中，提供所需波长范围内的连续光谱，并具有足够的光强度及稳定性。一般用电子光源。为满足光源性能要求，其电源应具有稳压装置且能按需要连续调节输出电压。

（2）单色器。单色器是指将光源发出的连续光谱分解为单色光装置。由棱镜或光栅等色散元件及狭缝和透镜组成。它能分解出测定波长范围内的任意单色光，其单色光的纯度取决于色散元件的色散率和狭缝的宽度。

（3）吸收池（也称比色皿）。吸收池是指用于盛放被测溶液，并让单色光从中穿过的无色透明器皿，由玻璃（适用于可见光）或石英（适用于紫外光）制成。仪器中一般配有厚度为 0.5 cm、1 cm、2 cm、3 cm 的比色皿各一套，同一套比色皿本身的透光度相同。

（4）检测系统。用于测定被测溶液的吸光度的装置，它包括检测器和显示仪表两部分。检测器的作用是将透过吸收池的光转变为光电流，目前用得较多的检测器是光电管和光电倍增管。显示仪表的作用是测定光电流的大小，并转换成透光度（T）和吸光度（A）显示出来，显示方式有指针式和数字式两种。

1.3.2.2　电化学分析法

电化学分析法是以电化学理论和物质的电化学性质为基础建立起来的分析方法。通常是将试样溶液作为化学电池的一个组成部分，研究和测量溶液的电物理量（电极电位、电导、电量、电流等），从而测定被测物的含量。具体分为下列方法。

（1）电位分析法，包括直接电位法、电位滴定法。

（2）电导分析法，包括直接电导法、电导滴定法。

（3）库仑分析法，包括库仑滴定法、控制电位库仑法。

（4）极谱分析法，包括经典极谱法、示波极谱法、阳极溶出极谱法。

1.3.2.3　色谱分析法

色谱分析法又称层析法，是根据试样在不同的两相中做相对运动时，由于不同的物质在两相中分配系数不同，从而达到分离效果，然后再用检测器测定各组分含量的分析方法。其具体包括气相色谱分析法、液相色谱分析法、纸色谱分析法。

1. 色谱分析的原理

色谱分析的核心部件是色谱柱，它的结构比较简单，在一个不锈钢、玻璃或石英等惰性细管内装填固定相（填充柱），或直接将固定液涂在毛细管内壁（毛细管柱）。固定相就是在化学惰性的固体微粒（称为担体）表面涂上很薄一层被称为"固定液"的高沸点有机化合物溶液，真正起分离作用的是"固定液"，担体只是起承担固定液的作用，因此，有时也将固定液直接称为"固定相"。

试样汽化后被载气携带进入色谱柱，各待测组分与固定液接触时就溶解到固定液中去。载气连续流经色谱柱时，溶解在固定液中的待测组分会从固定液中挥发到载气中，随着载气向前流动，然后又溶解在较前面的固定相中，这样反复多次的溶解、挥发、再溶解、再挥发不断进行。由于各组分在固定液中溶解能力不同，溶解度大的组分就较难挥发，在固定液中停留的时间较长，往前移动得就慢些；而溶解度较小的组分，在固定液中停留的时间较短，往前移动得快些。经过一定时间后，各组分就彼此分离开来，原来试样中混在一起的各组分陆续变成纯净物随载气从色谱柱流出，用检测器依次检测各组分，避免了相互干扰，从而完成各组分的分析测试。相对于固定相来讲，载气不停地向前流动，所以，载气也称为流动相。图1-3可以说明组分A、B的分离过程。

B组分在固定液中的溶解度比A大，所以A组分先被带出，当A流入检测器时，出现响应信号，记录仪上同步记录的色谱流出曲线突起，形成A信号峰组分完全通过检测器后，流出曲线恢复平直；继而B组分流出，形成B信号峰。

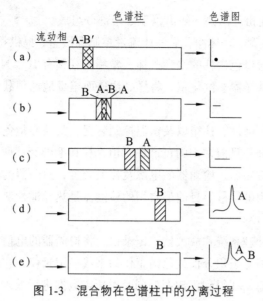

图 1-3　混合物在色谱柱中的分离过程

2. 气相色谱仪

由前述可知，气相色谱法就是载气载着欲分离的试样通过色谱柱中的固定相，使试样中的各组分分离，然后分别检测。其简单流程如图 1-4 所示。载气由高压钢瓶供给，经减压阀减压后，进入载气净化干燥管，经针形阀调节流量和压力（由流量计和压力表指示载气的柱前流量和压力）后，以稳定的压力、恒定的流量连续流过进样器（包括汽化室），试样就在进样器注入（如为液体试样，则经汽化室瞬间汽化为气体）。由载气携带试样进入色谱柱，将各组分分离，各组分依次进入检测器后放空。检测器信号由记录仪记录，得到色谱图。

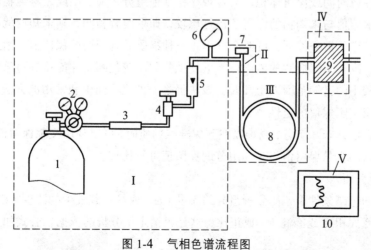

图 1-4　气相色谱流程图

1—高压钢瓶；2—减压阀；3—载气净化干燥管；4—针形阀；5—流量计；6—压力表；
7—进样器；8—色谱柱；9—检测器；10—记录仪

由图 1-4 可知，气相色谱仪一般由以下 5 个部分组成。

（1）载气系统：气源、气体净化、气体流量控制和测量，提供符合分析要求的载气。载气是用来载送试样通过色谱柱的惰性气体，常用的载气有 H_2、N_2、He 等。

（2）进样系统：进样器、汽化室，将样品快速而定量地加到载气通道，并被载气带进色谱柱。

（3）分离系统：色谱柱、柱箱以及恒温控制装置，其核心是色谱柱，作用是将多组分样品分离为单个组分。目前常用的色谱柱有填充柱和毛细管柱两种柱型。

（4）检测系统：检测器、检测器的电源及控温装置，检测器的作用是将各组分在载气中的浓度变化转变为电信号。目前最常用的检测器是热导池检测器、氢火焰检测器和电子捕获检测器。

（5）记录或数据处理系统：放大器、记录仪，将检测器的电信号进行记录获得色谱图。新型仪器大多采用电子积分仪或色谱工作站来代替记录仪，它利用计算机技术对检测器的电信号进行处理，在得到色谱图的同时对所得数据进行处理加工。

3. 气象色谱的应用

1）定性分析

气相色谱是一种高效、快速的分离分析技术，它可以在很短的时间内将混合在一起的多种物质分离开来，并得到色谱图。气相色谱的定性分析就是要确定色谱图中每个色谱峰代表什么物质。复杂组分、没有已知纯物质的组分的定性比较困难，往往需要多种仪器综合解决。常用的定性方法如下。

（1）用纯物质对照定性。

当固定相和操作条件（如柱温、柱长、柱内径、载气流速）不变时，任何一种物质都有一定的保留时间或保留体积，与是否存在其他组分无关。因此，将纯物质在相同色谱条件下的保留值与未知物的保留值进行比较，如果两者相同，则未知物就可能是该物质。由于在一定色谱条件下，可能会有不止一种物质具有相同的保留值，因此还需要通过改变温度、改变不同极性的色谱柱等重复试验和比较判断，才能得到可靠的结果。但用于在一个较小的已知范围内定性时，该法仍是一种比较简单和常用的方法。

（2）利用文献保留值定性。

对于难以估计未知组分，或难以找到标准纯物质时，可以利用文献保留值进行定性，即利用已知物的文献保留值与未知组分的保留值进行比较。

2）定量分析

在一定的色谱条件下，待分析组分的质量（m）或其在载气中的浓度（C）与检测器响应信号（峰面积 A 或峰高 h）成正比，这是色谱定量分析的依据，公式如下：

$$m = f \cdot A \tag{1-5}$$

由式（1-5）可见，只要准确测得峰面积和求出比例常数（称为定量校正因子）后，根据式（1-5）正确选用计算方法，就能够确定待测组分的质量或浓度。

1.4 质量控制与数据处理

1.4.1 监测过程质量保证和质量控制

1.4.1.1 质量保证和质量控制的意义及内容

在水质监测过程中，由于监测对象较复杂，时间、空间分布广泛，污染物易受物理、化学及生物等因素的影响，待测组分的浓度范围变化大，而且测定结果还与样品采集的时间、空间有关，不易准确测量。因此，水质监测工作是由一系列环节组成，特别在大规模的环境调查中，常需要在同一时间内，多个实验室同时测定，这就要求在整个监测过程中各个实验室所提供的数据要有规定的准确性和可比性，否则任一环节出现问题都将直接或间接影响测定结果的准确度。

水质监测质量控制是水质监测中十分重要的技术工作和管理工作。质量控制是一种保证监测数据准确可靠的方法，也是科学管理实验室和监测系统的有效措施，它可以保证数据质量，使不同操作人员、不同实验室所提供的监测数据建立在可靠、有用的基础上。水质监测质量控制是对整个监测过程实施全面的质量管理，包括制订计划；根据需要和可能确定监测指标及数据的质量要求，规定相应的分析监测系统。其主要内容有采样、样品预处理、储存、运输、实验室供应，仪器设备、器皿的选择和校准，试剂、溶剂和基准物质的选用，统一测定方法，质量控制程序，数据的记录和整理，各类人员的要求和技术培训，实验室的清洁度和安全，以及编写有关的文件、指南和手册等。

水质监测质量控制主要有实验室内部质量控制和外部质量控制（实验室间质量控制）两个部分。实验室内部质量控制是实验室自我控制质量的常规程序，它能反映监测分析过程中质量稳定性情况，以便及时发现分析中出现的异常，随时采取相应的校正措施。其内容包括空白试验、校准曲线核查、仪器设备的定期标定、平行样分析、加标样分析、密码样分析和编制质量控制图等。外部质量控制通常是由常规监测以外的中心监测站或其他有经验的人员来检查各实验室是否存在系统误差，以便对数据质量进行独立评价，各实验室可以从中发现所存在的系统误差等问题，以便及时校正提高监测质量，增强各实验室监测数据的可比性。实验室间的质量控制应该建立在各实验室认真执行内部质量控制程序的基础上进行。常用的方法有分析标准样品，进行实验室之间的评价和分析测量系统的现场评价等。

监测的质量控制过程是一个环境监测实验室监测水平的重要标志，已经在国内外引起了广泛重视。按照国际规范要求，我国为不断提高技术和管理水平，组成的中国实验室国家认可委员会，大大推动了环境监测质量控制过程。认可委员会的认可内容主要有：检测结果的公正性、质量方针与目标、组织与管理，组织机构、技术委员会、质量监督网、权力委派防止不恰当干扰、保护委托人机密和所有权、比对和能力验证计划等，质量体系、审核与评审。检测样品的代表性、有效性和完整性将直接影响检测结果的准确度，因此必须对抽样过程、样品的接收、流转、储存、处置以及样品的识别等各个环节实施有效的质量控制。这是在实验室认可中特别强调的内容。

1.4.1.2 质量控制的有关术语

1）准确度

准确度是用一个特定的分析程序所获得的分析结果（单次测定值和重复测定值的均值）与假定的或公认的真值之间符合程度的量度。它是反映该方法或系统存在的系统误差或偶然误差的综合指标，决定着测定结果的可靠性。准确度用绝对误差或相对误差表示。其评价方法常用加标回收和对照试验检验。

（1）加标回收率试验。在试样中加入一定量的标准物质，同时测定加标试样，并按式（1-3）计算回收率（P），以确定监测方法的准确度。

$$P = \frac{A - B}{D}$$

（1-6）

式中　A——加标试样测定值；

　　　B——试样测定值；

　　　D——加标量。

回收率试验简单易行，能综合反映多种因素引起的误差，因此常用来判断某方法是否适合于特定试样的测定。在进行加标回收试验时，应特别注意以下几个问题。

加标量的用量确定。加标量的多少应考虑样品中待测物质的浓度和加入标准物质的浓度对回收率的影响。通常标准物质的加入量与待测物质浓度水平相等或接近为宜。待测物质浓度较高时，则加标后的总浓度不能超过方法线性范围上限的90%；如小于检测限，则可按测定下限量加入标准物质。但应注意，在任何条件下，加标量不得大于样品中待测物含量的3倍，否则会影响加标回收率的准确性和真实性。

加标量的干扰。样品中某些干扰物对待测物质产生的正干扰或负干扰，有时会相互叠加或抵消，用回收率实验方法不易发现，其回收率也不能得到满意结果。

标准物质与样品中待测物质的形态。加入的标准物质与样品中待测物质的形态应尽可能一致。即使如此，由于基体效应的存在，用加标回收率评价准确度并非全部可靠。所谓基体效应就是由于基体组成的不同，产生物理、化学性质上的差异而给实际测定带来的误差。

（2）对照试验。对照试验就是用标准物质进行对比试验，或与标准方法进行比较。前者在进行环境样品测定的同时，对标准物质进行测定，将标准物质的测定结果与标准物质的给定值进行比较检验，确定检测方法的准确度。后者用标准方法对同一环境样品进行测定，检验两种方法的测定结果，判断监测方法的准确度。通过对照试验还可判断操作的准确度。对照试验结果的比较，通常采用 t 检验法，也称显著性检验法。

2）精密度

精密度是指用特定的分析程序，在受控条件下重复分析均一样品所得测定值的一致程度，它反映分析方法或测量系统所存在随机误差的大小。可用极差、平均偏差、相对平均偏差、标准偏差和相对标准偏差来表示精密度大小，最常用的是标准偏差。

在讨论精密度时，常要遇到如下一些术语。

（1）平行性。平行性系指在同一实验室中，当分析人员、分析设备和分析时间都相同时，用同一分析方法对同一样品进行双份或多份平行样测定结果之间的符合程度。

（2）重复性。重复性系指在同一实验室内，当分析人员、分析设备和分析时间三个因素中至少有一项不相同时，用同一分析方法对同一样品进行两次或两次以上独立测定结果之间的符合程度。

（3）再现性。再现性系指在不同实验室（分析人员、分析设备甚至分析时间都不相同），用同一分析方法对同一样品进行多次测定结果之间的符合程度。

平行性和重复性代表了实验室内部精密度；再现性反映的是实验室间的精密度，通常用分析标准样品的方法来确定。精密度的评价常用 F 检验法，用于比较不同条件下（不同地点、不同时间、不同分析方法、不同分析人员等）测量的两组数据是否具有相同的精密度。

3）灵敏度

分析方法的灵敏度是指某种分析方法在一定条件下当被测物质浓度或含量改变一个单位时所引起的测量信号的变化程度。它可以用仪器的响应量或其他指示量与对应的待测物质的浓度或量之比来描述，因此常用标准曲线的斜率来度量灵敏度。灵敏度因实验条件而变。标准曲线的直线部分用式（1-7）表示：

$$A = kC + a \tag{1-7}$$

式中　A——仪器的响应；

　　　C——待测物质的浓度；

　　　a——校准曲线的截距；

　　　k——方法的灵敏度，k 值大，说明方法灵敏度高。

在原子吸收分光光度法中，国际理论与应用化学联合会（IUPAC）建议将以浓度表示的"1%吸收灵敏度"叫做特征浓度，而将以绝对量表示的"1%吸收灵敏度"称为特征量。特征浓度或特征量越小，方法的灵敏度越高。

4）空白试验

空白试验又叫空白测定，是指用蒸馏水代替试样的测定。其所加试剂和操作步骤与试验测定完全相同。空白试验应与试样测定同时进行，试样分析时仪器的响应值（如吸光度、峰高等）不仅是试样中待测物质的分析响应值，还包括所有其他因素，如试剂中杂质、环境及操作进程的玷污等的响应值。这些因素是经常变化的，为了了解它们对试样测定的综合影响，在每次测定时，均应作空白试验，空白试验所得的响应值称为空白试验值。对试验用水有一定的要求，即其中待测物质浓度应低于方法的检出限。当空白试验值偏高时，应全面检查各种实验步骤中可能产生的问题，如空白试验用水、试剂的空白、量器和容器是否玷污、仪器的性能以及环境状况等。

5）校准曲线

校准曲线是用于描述待测物质的浓度或量与相应的测量仪器的响应量或其他指示量之间的定量关系的曲线。校准曲线包括工作曲线（绘制校准曲线的标准溶液的分析步骤与样品分析步骤完全相同）和标准曲线（绘制校准曲线的标准溶液的分析步骤与样品分析步骤相比有所省略，如省略样品的前处理）。校准曲线的直线部分在检测中经常被用到，某一方法的校准曲线的直线部分所对应的待测物质浓度（或量）的变化范围，称为该方法的线性范围。

6）检测限

检测限是指某一分析方法在给定的可靠程度内可以从样品中检测待测物质的最小浓度或最小量。所谓"检测"是指定性检测，即断定样品中确定存在有浓度高于空白的待测物质。

检测限有以下几种规定。

（1）分光光度法中规定：以扣除空白值后吸光度为 0.01 相对应的浓度值为检测限。

（2）气相色谱法中规定的最小检测量是指检测器正好能产生与噪声相区别的响应信号时所需进入色谱柱的物质的最小量，通常认为恰能辨别的响应信号最小应为噪声值的两倍。最小检测浓度是指最小检测量与进样量（体积）之比。

（3）离子选择性电极法规定某一方法的标准曲线的直线部分外延的延长线与通过空白电位且平行于浓度轴的直线相交时，其交点所对应的浓度值即检测限。

《全球环境监测系统水监测操作指南》中规定，给定置信水平为 95% 时，样品浓度的一次测定值与零浓度样品的一次测定值有显著性差异者，即检测限（L）。当空白测定次数大于 20 时：

$$L = 4.6\delta_{wb} \tag{1-8}$$

式中　δ_{wb}——空白平行测定（批内）标准偏差。

7）测定限

测定限分为测定下限和测定上限。测定下限是指在测定误差能满足预定要求的前提下，用特定方法能够准确地定量测定待测物质的最小浓度或量；测定上限是指在限定误差能满足预定要求的前提下，用特定方法能够准确地定量测定待测物质的最大浓度或量。

8）最佳测定范围

最佳测定范围也叫有效测定范围，系指在限定误差能满足预定要求的前提下，特定方法的测定下限到测定上限之间的浓度范围。

9）方法适用范围

方法适用范围是指某一特定方法检测下限至检测上限之间的浓度范围。显然，最佳测定范围应小于方法适用范围。

1.4.1.3 误 差

1）真值

在某一时刻和某一状态（或位置）下，某事物的量表现出的客观值（或实际值）称为真值。实际应用的真值包括以下几点。

理论真值：例如三角形内角之和等于180°。

约定真值：由国际单位制所定义的真值称为约定真值。

标准器（包括标准物质）的相对真值：高一级标准器的误差为低一级标准器或普通仪器误差的1/5（或1/20～1/3）时，则可以认为前者为后者的相对真值。

2）误差及其分类

由于被测量的数据形式通常不能以有限位数表示，同时由于认识能力不足和科学技术水平的限制，使测量值与真值不一致，这种矛盾在数值上的表现即误差。任何测量结果都有误差，并存在于测量的全过程之中。

误差按其性质和产生原因，可分为系统误差、随机误差和过失误差。

（1）系统误差：又称可测误差、恒定误差或偏倚（bias）。系统误差指测量值的总体均值与真值之间的差别，是由测量过程中某些恒定因素造成的，在一定条件下具有重现性，即误差的正负和大小在多次重复测定中有固定的规律，并不因增加测量次数而减少系统误差，它的产生可以是由方法、仪器、试剂、恒定的操作人员和恒定的环境所造成。从理论上讲，系统误差是可以测定的，若能找出其产生的原因，并加以校正，即可消除系统误差。

系统误差可以通过以下方法克服。

a. 校准仪器：即在测量前对使用的仪器进行校准，并用校准值对测量结果进行修正。

b. 空白试验：就是用空白试验结果修正测量值，以消除试剂不纯等原因所产生的误差。

对照试验：即将实际样品与标准物质在同样条件下进行测定，当标准物质的保证值与测定值相一致时，可认为该方法的系统误差已基本消除；或采用不同的分析方法，如与标准方法进行比较，校正方法误差。

回收试验：回收试验就是在实际样品中加入已知量的标准物质，在相同的条件下进行测定，观察所得结果能否定量回收，并以回收率作为校正因子。

（2）随机误差：又称偶然误差或不可测误差。它是由测定过程中各种随机因素的共同作用造成的，随机误差遵从正态分布规律。

正态分布具有以下特点。

a. 有界性：在一定条件下的有限次测量值中，其误差的绝对值不会超过一定界限。

b. 单峰性：绝对值小的误差出现的次数比绝对值大的误差出现的次数多，即在有限次测定中，绝大多数的测定值都在真值附近。

c. 对称性：在测量次数足够多时，绝对值相等的正误差和负误差出现的次数大致相等。

d. 抵偿性：在一定条件下对同一量进行测量，偶然误差的算术平均值随测量次数的增加而趋于零，即测量次数无限多时，误差平均值极限为零。

在实际操作中，有些测量数据本身不呈正态分布，而呈偏态分布，但将数据取对数进行转换之后，可显示为正态分布。若监测数据的对数呈正态分布，称为对数正态分布。减小偶然误差通常除必须严格控制试验条件及正确使用仪器、试剂外，还可利用偶然误差的抵偿性，通过增加测定次数来实现减小偶然误差。

（3）过失误差：又称粗差，是由于测量过程中犯了不应出现的错误所造成的。它明显地歪曲了测量结果，如加错试剂、试样损失、仪器出现异常、读数错误等。过失误差一经发现，须及时重做。为消除过失误差，分析人员应对工作认真负责，并不断提高理论及操作水平。

含有过失误差的测量数据经常表现为离群值。对于已发现有过失的测量数据，无论结果好坏均应剔除；对于未发现的过失，但发现为离群的测量数据，应使用统计检验方法进行检验后予以剔除（或保留）。

3）误差的表示方法

环境监测中常用的误差、偏差及极差的有关定义及计算公式。

（1）绝对误差（E）。绝对误差是测量值（X）（单一测量值或多次测量的平均值）与真实值（μ）之差。

$$E = X - \mu \qquad (1-9)$$

绝对误差为正，表示测量值大于真实值；绝对误差为负，表示测量值小于真实值。

（2）相对误差（R_E）。相对误差是绝对误差与真实值之比（常用百分数表示）。

$$R_E = \frac{E}{\mu} \times 100\% = \frac{X - \mu}{\mu} \times 100\% \qquad (1-10)$$

（3）绝对偏差（d_i）。绝对偏差 d_i 是某测量值（X_i）与多次测量均值（$\bar{X}$）之差。

$$d_i = X_i - \bar{X} \qquad (1-11)$$

（4）相对偏差（R_{d_i}）。相对偏差是绝对偏差与测定平均值之比（常用百分数表示）。

$$\bar{d} = \frac{\sum d_i}{n} \times 100\% = \frac{X_i - \bar{X}}{\bar{X}} \times 100\% \qquad (1-12)$$

（5）平均偏差（$\bar{d}$）。平均偏差（$\bar{d}$）是单次测量偏差的绝对值的平均值。

$$\bar{d} = \frac{\sum_{i=1}^{n} |d_i|}{n} = \frac{d_1 + d_2 + \cdots + d_n}{n} \qquad (1-13)$$

（6）相对平均偏差（$\overline{R_d}$）。相对平均偏差是平均偏差与测量平均值之比（常用百分数表示）。

$$\overline{R_d} = \frac{\overline{d}}{\overline{X}} \times 100\% \qquad (1-14)$$

（7）差方和、方差（S 或 SD）及标准偏差。

差方和是指绝对偏差的平方之和。

$$S = \sum_{i=1}^{n}(X_i - \overline{X})^2 = \sum_{i=1}^{n} d_i^2 \qquad (1-15)$$

方差分为样本方差和总体方差。样本方差用 V 表示，计算公式为

$$V = \frac{\sum_{i=1}^{n}(X_i - \overline{X})^2}{n-1} = \frac{S}{n-1} \qquad (1-16)$$

总体方差用 δ^2 表示，计算公式为

$$\delta^2 = \frac{1}{N}\sum_{i=1}^{n}(X_i - \mu)^2 \qquad (1-17)$$

公式中的 N 为总体容量（无限次多次测量，一般最少应大于 20 次）。

标准偏差分为样本标准偏差和总体标准偏差。

样本标准偏差用 s 表示，计算公式为

$$s = \sqrt{\frac{1}{n-1}\sum_{i=1}^{n}(X_i - \overline{X})^2} = \sqrt{\frac{1}{n-1}S} = \sqrt{V} \qquad (1-18)$$

总体标准偏差用 δ 表示，计算公式为

$$\delta = \sqrt{\delta^2} = \sqrt{\frac{1}{N}\sum_{i=1}^{n}(X_i - \mu)^2}$$

$$= \sqrt{\frac{\sum_{i=1}^{n} X_i^2 - \dfrac{(\sum_{i=1}^{n} X_i)^2}{N}}{N}} \qquad (1-19)$$

（8）相对标准偏差。相对标准偏差又称为变异系数，是样本标准偏差在样本均值中所占的百分数，用 C_v 表示。

$$C_v = \frac{S}{\overline{X}} \times 100\% \qquad (1-20)$$

（9）极差（R）。极差（R）是指一组测量值中最大值（$x_{\max}$）与最小值（$x_{\min}$）之差，也叫全距或范围误差。它用来说明数据的范围和伸展情况。极差的表达式为

$$R = x_{\max} - x_{\min} \qquad\qquad （1\text{-}21）$$

1.4.1.4　实验室内质量控制

实验室分析人员对分析质量进行自我控制的过程称为内部质量控制。一般通过分析和应用某种质量控制图或其他方法来控制分析质量。

1）质量控制图的绘制及使用

对经常性的分析项目常用控制图来控制质量。质量控制图的基本原理由W.A.Shewart 提出。他指出：每一个方法都存在着变异，都受到时间和空间的影响，即使在理想的条件下获得的一组分析结果，也会存在一定的随机误差。但当某一个结果超出了随机误差的允许范围时，运用数理统计的方法，可以判断这个结果是不能信任的、异常的。质量控制图可以起到这种监测的仲裁作用。因此实验室内质量控制图是监测常规分析过程中可能出现误差，控制分析数据在一定的精密度范围内，以及保证常规分析数据质量的有效方法。

在实验室工作中，每一项分析工作都由许多操作步骤组成，测定结果的可信度受到许多因素的影响，如果对这些步骤、因素都建立质量控制图，这在实际工作中是无法做到的，因此分析工作的质量只能根据最终测量结果进行判断。

对经常性的分析项目，用控制图来控制质量，编制控制图的基本假设是：测定结果在受控的条件下具有一定的精密度和准确度，并按正态分布。以一个控制样品，用一种方法，由一个分析人员在一定时间内进行分析，累积一定数据。如这些数据达到规定的精密度、准确度（即处于控制状态），以其结果编制控制图。在以后的经常分析过程中，取每份（或多次）平行的控制样品随机地编入环境样品中一起分析，根据控制样品的分析结果，推断环境样品的分析质量。质量控制图的基本组成见图 1-5。

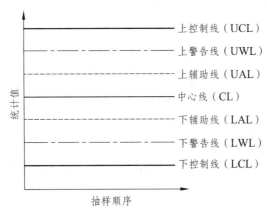

图 1-5　质量控制图的基本组成

预期值——图中的中心线。

目标值——图中上、下警告线之间的区域。

实测值的可接受范围——图中上、下控制线之间的区域。

辅助线——上、下各一线，在中心线两侧与上、下警告线之间各一半处。

质量控制图的类型有很多种，如均值控制图（X 图）、均值-极差控制图（X-R 图）、移动均值-差值控制图、多样控制图、累积和控制图等。但目前最常用的是均值控制图和均值-极差控制图。下面主要就均值控制图和均值-极差控制图的绘制及使用进行介绍。

（1）均值控制图的绘制。在编制质量控制图之前需要准备一份质量控制样品。控制样品的浓度和组成要尽量与环境样品相近，并且性质稳定而均匀。编制时，要求在一定期间内分批地用与分析环境样品相同的分析方法分析此控制样品 20 次以上（不得将 20 个重复实验同时进行。每次平行分析两份，求得均值 $\overline{X}_i$），其分析数据符合正常的统计分布，然后计算总体均值 $\overline{\overline{X}}$ 和标准偏差等统计值，以此绘制质量控制图。

以测定顺序为横坐标，相应的测定值为纵坐标作图，同时作有关控制线，如图 1-6 所示。

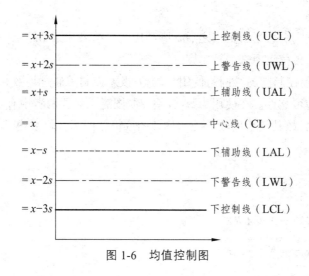

图 1-6　均值控制图

图中：中心线——以总体均值 $\overline{\overline{X}}$ 估计真值 μ。

上、下警告线——按（$\overline{\overline{X}} \pm 2s$）值绘制。

上、下控制线——按（$\overline{\overline{X}} \pm 3s$）值绘制。

上、下辅助线——按（$\overline{\overline{X}} \pm s$）值绘制。

（2）在绘制控制图时，落在（$\overline{\overline{X}} \pm s$）范围内的点数应约占总点数的 68%。若是小于 50%，则分布不合适，此图不可靠。若连续 7 点位于中心线同一侧，则表示数据失控，此图不适用。质量控制图绘好后，应对绘制控制图的有关内容和条件进行标注，如测定项目、分析方法、溶液控制、温度、操作人员和绘制日期等。

均值控制图的使用。质量控制图的主要作用是用来检验常规监测分析数据是否处于控制状态。在常规监测分析中，根据日常工作中该项目的分析频率和分析人员的技术水平，每间隔适当时间，取两份平行的控制样品与环境样品同时测定。对操作技术较低和测定频率低的项目，每次都应同时测定控制样品，将控制样品的测定结果依次点在控制图上，然后根据下列规则，检验分析测定过程是否处于控制状态。

a. 若此点在上、下警告线之间区域，则测定过程处于控制状态，环境样品分析结果有效。

b. 如果此点超出上述区域，但仍处于上、下控制线之间的区域内，则表明分析质量开始变差，可能存在"失控"倾向，应进行初步检查，并采取相应的校正措施，此时环境样品的结果仍然有效。

c. 若此点落在上、下控制线以外，则表示测定过程已经失控，应立即查明原因并予以纠正，该批环境样品的分析结果无效，必须待方法校正后重新测定。

d. 若遇有7个点连续下降或上升时，则表示测定过程有失控倾向，应立即查明原因，予以纠正。

e. 即使测定过程处于控制状态，尚可根据相邻几点的分布趋势来推测分析质量可能发生的问题。

当控制样品测定次数累积更多之后，应利用这些结果和原始结果一起重新计算总体均值、标准偏差，再校正原来的控制图。

（3）均数-极差控制图的绘制与使用。均数-极差控制图通过均数和极差两个指标同时评价测定结果的可靠性。在使用均数-极差控制图时，只要两者中有一个超出控制线，即认为是"失控"，故其灵敏度较单纯的均数图或极差图高。均数-极差控制图的绘制包括以下内容。

均数控制部分：

中心线——$\overline{\overline{X}}$；

上、下控制线——$\overline{\overline{X}} \pm A_2 R$；

上、下警告线——$\overline{\overline{X}} \pm \dfrac{2}{3} A_2 R$；

上、下辅助线——$\overline{\overline{X}} \pm \dfrac{1}{3} A_2 R$。

极差控制图部分：

上控制线——$D_4 \overline{R}$；

上警告线——$\overline{R} + \dfrac{2}{3}(D_4 \overline{R} - \overline{R})$；

上辅助线——$\overline{R} + \dfrac{1}{3}(D_4 \overline{R} - \overline{R})$；

下控制线——$D_3 \overline{R}$。

系数 A_2、D_3、D_4 可从表1-12查出，均数-极差控制图的绘制与均数控制图的绘制方法相似。

表 1-12　均数-极差控制图系数表（每次测 n 个平行样）

系　数	2	3	4	5	6	7	8
A_2	1.88	1.02	0.73	0.58	0.48	0.42	0.37
D_3	0	0	0	0	0	0.076	0.136
D_4	3.27	2.58	2.28	2.12	2	1.92	1.86

因为极差愈小愈好，故极差控制图部分没有下警告限，但仍有下控制限。在使用过程中，如 R 值稳定下降，甚至 $R \approx D_3 \overline{R}$，即接近下控制限则表明测定精密度已有提高，原质量控制图失效，应根据新的测定值重新计算 X、R 和各相应统计量，改绘新的 $(\overline{X} - R)$ 图。

1.4.1.5　实验室间质量控制

对实验室间质量控制的主要目的是检查各实验室是否存在系统误差，找出误差来源，提高监测水平，这一工作通常由某一系统的中心实验室、上级机关或权威机构负责。

1）实验室质量考核

由负责单位根据所要考核项目的具体情况，制订具体的实施方案。

（1）考核方案的内容：质量考核测定项目，质量考核分析方法，质量考核参加单位，质量考核统一程序，质量考核结果评定。

（2）考核内容：分析标准样品或统一样品、测定加标样品、测定空白平行、核查检测下限、测定标准系列、检查相关系数和计算回归方程、进行截距检验等。通过质量考核，最后由负责单位综合实验室的数据进行统计处理后作出评价予以公布。各实验室可以从中发现所有存在的问题并及时纠正。

工作中标准样品或统一样品应逐级向下分发，一级标准由国家环境监测总站将国家计量总局确认的标准物质分发给各省、自治区、直辖市的环境监测中心，作为环境监测质量保证的基准使用。二级标准由各省、自治区、直辖市的环境监测中心按规定配制并检验证明其浓度参考值、均匀度和稳定性，并经国家环境监测总站确认后，方可分发给各实验室作为质量考核的基准使用。

如果标准样品系列不够完备而有特定用途时，各省、自治区、直辖市在具备合格实验室和合格分析人员条件下，可自行配置所需的统一样品，分发给所属网站，供质量保证活动使用。各级标准样品或统一样品均应在规定要求的条件下保存，若有超过稳定期、失去保存条件、开封使用后无法或没有即时恢复原封装致使不能继续保存等情况应报废。

应使用统一的分析方法来减少系统误差，使数据具有可比性。在进行质量控制时，首先应从国家（或部门）规定的"标准方法"之中选定。当根据具体情况需选用"标准方法"以外的其他分析方法时，必须有该法与相应"标准方法"对几份样品进行比较实验，如果按规定判定无显著性差异，则可选用。

2）实验室误差测验

在实验室间起支配作用的误差称为系统误差，为检查实验室间是否存在系统误差，它的大小和方向以及对分析结果的可比性是否有显著影响，可不定期地对有关实验室进行误差测验，以发现问题并及时纠正。

测验的方法是将两个浓度不同（分别为 X_i、Y_i，两者相差 ±5%），但很类似的样品同时分发给各实验室，分别对其作单次测定，并在规定日期内上报测定结果 X_i、Y_i。计算每一浓度的均值 $\overline{X}$、$\overline{Y}$，在方格坐标纸上画出 $\overline{X}$ 值的垂直线和 $\overline{Y}$ 值的水平线。将各实验室测定结果（X_i、Y_i）点在图中。通过零点和 $\overline{X}$、$\overline{Y}$ 值交点画一直线，结果如图 1-7 所示，此图叫做双样图，可以根据图形判断实验室存在的误差。

根据随机误差的特点，在各点应分别高于或低于平均值，且随机出现。因此，如各实验室间不存在系统误差，则各点应随机分布在 4 个象限，即大致成一个以代表两均值的直线交点为中心的圆形，如图 1-7（a）所示。如各实验室间存在系统误差，则实验室测定值双双偏高或双双偏低，即测定点分布在"＋＋"或"－－"象限内，形成一个与纵轴方向约成 45°倾斜角的椭圆形，如图 1.7（b）所示。根据此椭圆形的长轴与短轴之差及其位置，可估计实验空间系统误差的大小和方向；根据各点的分散程度来估计各实验室间的精密度和准确度。

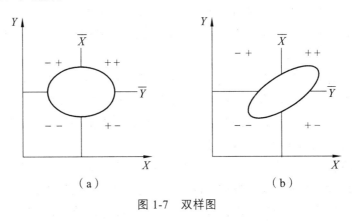

图 1-7　双样图

如将数据进一步作误差分析，可更具体地了解各实验室间的误差性质。处理的方法有：标准差分析、方差分析。

1.4.1.6　标准分析方法和分析方法标准化

1）标准分析方法

一个项目的测定往往有多种可供选择的分析方法，这些方法的灵敏度不同，对仪器和操作的要求不同；而且由于方法的原理不同，干扰因素也不同，甚至其结果的表示涵义也不尽相同。当采用不同方法测定同一项目时就会产生结果不可比的问题，因此有必要对分析方法进行分析方法标准化。标准方法的选定首先要达到所要求的检出限度，其次，能提供足够小的随机和系统误差，同时对各种环境样品能得到相近的准确度和精密度，当然也要考虑技术、仪器的现实条件和推广的可能性等因素。

标准分析方法又称分析方法标准，是技术标准中的一种，是权威机构对某项分析所作的统一规定的技术准则和各方面共同遵守的技术依据，它必须满足以下条件。

（1）按照规定的程序编制。

（2）按照规定的格式编写。

（3）方法的成熟性得到公认。

（4）由权威机构审批和发布。

编制和推行标准分析方法的目的是为了保证分析结果的重复性、再现性和准确性，不但要求同一实验室的分析人员分析同一样品的结果要一致，而且要求不同实验室的分析人员分析同一样品的结果也要一致。

2）分析方法标准化

标准是标准化活动的结果，标准化工作是一项具有高度政策性、经济性、技术性、严密性和连续性的工作，开展这项工作必须建立严密的组织机构。由于这些机构所从事工作的特殊性，要求它们的职能和权限必须受到标准化条例的约束。

国外标准化工作的一般程序如下。

（1）由一个专家委员会根据需要选择方法，确定准确度、精密度和检测限指标。

（2）专家委员会指定一个任务组（通常是有关的中央实验室负责）。任务组负责设计实验方案，编写详细的实验程序，制备和分发实验样品和标准物质。

（3）任务组负责抽选 6～10 个参加实验室工作，其任务是熟悉任务组提供的实验步骤和样品，并按任务要求进行测定，将测定结果写成报告，交给任务组。

（4）任务组整理各实验室报告，如果各项指标均达到设计要求，则上报权威机构出版公布；如达不到预定指标，则需修正实验方案，重做实验，直到达到预定指标为止。

1.4.1.7　监测实验室间的协作实验

协作实验是指为了一个特定的目的和按照预定的程序所进行的合作研究活动。协作实验可用于分析方法标准化、标准物质浓度定值、实验室间分析结果争议的仲裁和分析人员技术评定等各项工作。

分析方法标准化协作实验是为了确定拟作为标准的分析方法在实际应用的条件下可以达到的精密度和准确度，制定实际应用中分析误差的允许界限，用来作为方法选择、质量控制和分析结果仲裁的依据和标准。

进行协作实验预先要制订一个合理的实验方案，并应注意下列因素。

1）分析方法

选择成熟和比较成熟的方法，该方法应能满足确定的分析目的，并已形成较严谨的文件。

2）分析人员

参加协作实验的实验室应指定具有中等技术水平的分析人员参加工作，分析人员应对被评价的方法具有实际经验。

3）实验室的选择

参加协作实验的实验室要选择在地区和技术上有代表性，并具备参加协作实验的基本条件。如分析人员、分析设备等，避免选择技术太高或太低的实验室，实验室数目一般要求 5 个以上，尽量较多为好。

4）实验设备

参加的实验室要尽可能用已有的可互换的设备。各种量器、仪器等应按规定校准，如同一实验有 2 人以上参加，除专用设备外，其他常用设备（如天平、玻璃器皿和分光光度计等）不得共用。

5）样品的类型和含量

样品基体应有代表性，在整个实验期间必须均匀稳定。由于精密度往往与样品中被测物质浓度水平有关，一般至少要包括高、中、低三种浓度。如要确定精密度随浓度变化的回归方程，则至少要使用 5 种不同浓度的样品。

只向参加实验室分送必需的样品量，不得多余，样品中待测物质含量不应恰为整数或一系列有规则的数，作为商品或浓度值已为人们知道的标准物质不宜作为方法标准化协作实验或考核人员的样品，使用密码样品应避免"习惯性"偏差。

6）分析时间和测定次数

同一名分析人员至少要在两个不同的时间进行同一样品的重复分析。一次平行测定的平行样数目不得少于两个。每个实验室对每种含量的样品的总测定次数不应少于 6 次。

7）协作实验中的质量控制

在正式分析以前，要向分析人员发放类型相似的已知样，这样能让分析人员得到必要的操作练习，获得经验，以检查和消除实验室的系统误差。

协作实验设计不同，数据处理的方法也不尽相同，其步骤如下。

整理原始数据，汇总成便于计算的表格。

（1）核查数据并进行离群值检验。

（2）计算精密度，并进行精密度与含量之间相关性检验。

（3）计算允许差。

（4）计算准确度。

1.4.2　数据处理和常用方法

1.4.2.1　有效数据与修约规则

1）有效数字

所谓有效数字就是实际上能够测到的数字。一般由可靠数字和可疑数字两部分组成。在反复测量一个量时，其结果总是有几位数字固定不变，为可靠数字。可靠数字后面出现的数字，在各次单一测定中常常是不同的、可变的。这些数字欠准确，往往是通过操作人员估计得到的，因此为可疑数字。

有效数字位数的确定方法为：从可疑数字算起，到该数的左起第一个非零数字的数字个数称为有效数字的位数。

例如：用分析天平称取试样 0.401 0 g，这是一个四位有效数字，其中前面三位为可靠数字，最末一位数字是可疑数字，且最末一位数字有 ±1 的误差，即该样品的质量在（0.401 0 ± 0.000 1）g 之间。

2）有效数字的修约规则

在数据记录和处理过程中，往往会遇到一些精密度不同或位数较多的数据。由于测量中的误差会传递到结果中去，为不致引起错误，且使计算简化，可按修约规则对数据进行保留和修约。修约规则中：对整个数据一次修约，6 入 4 舍 5 看后，5 后有数应进 1，5 后为 0 前保偶。如将下列测量值修约为只保留一位小数：14.342 6、14.263 1、14.250 1、14.250 0、14.050 0、14.150 0，则修约后分别为：14.3、14.3、14.3、14.2、14.0、14.2。

1.4.2.2 可疑数据的取舍

由于偶然误差的存在，实际测定的数据总是有一定的离散性。其中偏离较大的数据可能是由未发现原因的过失误差所引起的。若保留，势必影响所得平均值的可靠性，并会产生较大偏差；若随意舍去，则有人为挑选满意的数据之嫌，与实事求是的科学态度相违背。因此对于数据的取舍应有一个衡量的尺度，即对偏离较大的可疑数据应进行检验，然后决定取舍。

常用的检验方法有 "4d" 检验法、Q 检验法、Dixon 检验法和 Grubbs 检验法等。

1）"4 d" 检验法

"4 d" 检验法是较早采用的一种检验可疑数据的方法，可用于实验过程中对测定数据可疑值的估测。检验步骤如下：

a. 一组测定数据求可疑数据以外的其余数据的平均值（$\overline{X}$）和平均偏差（$\overline{d}$）；

b. 计算可疑数据（X_i）与平均值（$\overline{X}$）之差的绝对值；

c. 若 $\overline{X} - X_i > -4\overline{d}$，则 X_i 应舍弃，否则应保留。

使用 "4 d" 检验法检验可疑数据简单、易行，但该法不够严格，存在较大的误差，只能用于处理一些要求不高的实验数据。

2）Q 检验法

Q 检验法的检验步骤如下。

a. 排序：将测定值由小到大顺序排列，X_1，X_2，X_3，$\cdots$，X_n，其中 X_1 或 X_n 为可疑值。

b. 计算 Q 值：计算可疑值与相邻值的差值，再除以极差，得统计值。

$$Q = \frac{X_2 - X_1}{X_n - X_1} \quad 或 \quad Q = \frac{X_n - X_{n-1}}{X_n - X_1} \tag{1-22}$$

c. 判断：根据测定次数 n 和要求的置信度（如 90%、95%）查 Q 值表（见表 1-13）。若 $Q \geqslant Q_0$ 时，则舍弃可疑值，否则保留。

表 1-13　Q 值表

n	3	4	5	6	7	8	9	10
$Q_{0.90}$	0.94	0.76	0.64	0.56	0.51	0.47	0.44	0.41
$Q_{0.95}$	1.53	1.05	0.86	0.76	0.69	0.64	0.60	0.58

3）Dixon 检验法

Dixon 检验法对 Q 检验法进行了进一步改进，这种方法目前广泛被使用。这种检验法与 Q 检验法的主要区别在于，按不同的测定次数范围，采用不同的统计量计算公式，因此比较严密，检验方法如下。

排序：将测定值由小到大顺序排列，X_1，X_2，X_3，$\cdots$，X_n，其中 X_1 或 X_n 为可疑值。

计算 Q 值：按表所列测定次数公式计算统计量 Q 值（见表 1-14）。

表 1-14　Dixon 检验法统计量 Q 计算公式

n 值范围	最小值为可疑值	最大值为可疑值
3～7	$Q = \dfrac{X_2 - X_1}{X_n - X_1}$	$Q = \dfrac{X_n - X_{n-1}}{X_n - X_1}$
8～10	$Q = \dfrac{X_2 - X_1}{X_{n-1} - X_1}$	$Q = \dfrac{X_n - X_{n-1}}{X_n - X_2}$
11～13	$Q = \dfrac{X_3 - X_1}{X_{n-1} - X_1}$	$Q = \dfrac{X_n - X_{n-2}}{X_n - X_2}$
14～25	$Q = \dfrac{X_3 - X_1}{X_{n-2} - X_1}$	$Q = \dfrac{X_n - X_{n-2}}{X_n - X_3}$

查临界值：根据给定的显著性水平（α）和样本容量（n）查得临界值。

表 1-15　Dixon 检验法临界值（Q_α）

n	显著性水平（α）		n	显著性水平（α）	
	0.05	0.01		0.05	0.01
3	0.941	0.988	15	0.525	0.616
4	0.765	0.889	16	0.507	0.595
5	0.642	0.780	17	0.490	0.577
6	0.560	0.698	18	0.475	0.561
7	0.507	0.637	19	0.462	0.547
8	0.554	0.683	20	0.450	0.535
9	0.512	0.635	21	0.440	0.524
10	0.477	0.597	22	0.430	0.514
11	0.576	0.679	23	0.421	0.505
12	0.546	0.642	24	0.413	0.497
13	0.521	0.615	25	0.406	0.489
14	0.546	0.641			

判断：若 $Q \leqslant Q_\alpha \leqslant 0.05$，则可疑值为正常值；若 $Q_{0.05} < Q_\alpha \leqslant 0.01$，则可疑值为偏离值；若 $Q > Q_\alpha > 0.01$，则可疑值为离群值。

【例】一组测定值按从小到大顺序排列为：14.65，14.90，14.90，14.92，14.95，14.96，15.00，15.00，15.01，15.02。检验最小值 14.65 是否为离群值。

$$
\begin{aligned}
Q &= \frac{X_2 - X_1}{X_{n-1} + X_1} \\
&= \frac{14.90 - 14.65}{15.01 - 14.65} = 0.694
\end{aligned}
\tag{1-21}
$$

解：当 $n=10$，可疑值为 X_1 时，以 99% 置信界限（显著水平为 0.01）和测定次数 $n=10$，查 Dixon 检验临界值表，得 $Q_\alpha = 0.597$，$Q = 0.694 > Q_\alpha$。

因此，14.65 为离群值，应舍弃。

思 考 题

1. 什么叫水体、水体污染和水体污染物？

2. 水体污染分为哪几种类型？

3. 按照地表水环境质量标准，我国地表水根据环境功能和保护目标不同，可分为哪几类？分别适用于哪些功能水域？

4. 简述常用的几个重要水质指标及其作用（不少于 5 个）。

5. 简要说明化学分析方法与仪器分析方法的不同点和各自的优缺点。

6. 简述分光光度法在水质检测中的主要应用。

7. 在数据分析中如何进行数字的修约？

8. 简要说明什么是对照试验。其作用是什么？

9. 简述基准物质的概念及要求。

项目 2 水体监测方案的制订

【学习目标】

本项目根据不同的水体类别和任务安排共分为 4 个学习情境，分别介绍了地面水、污染源水和地下水共 3 类水体的监测方案的制订，还详细介绍了常见水体的监测项目。通过学习本项目要达到以下目的：

（1）掌握水体监测相关基础资料的收集；

（2）掌握水体监测断面、采样点的布设及采样频率的确定；

（3）掌握不同水体监测方案的制订及区别；

（4）能够制订不同水体的监测方案。

监测方案是一项监测任务的总体构思和设计，制订时必须首先明确监测目的，然后在调查研究的基础上确定监测对象、设计监测网点，合理安排采样时间和采样频率，选定采样方法和分析测定技术，提出监测报告要求，制订质量保证程序、措施和方案的实施计划等。

水质监测可分为环境水体监测和水污染源监测。环境水体包括地表水（江、河、湖、水库、海水）和地下水。水污染源包括生活污水、医院污水及各种废水。对它们进行监测的目的可概括为以下几个方面。

（1）对进入江、河、湖泊、水库、海洋等地表水体的污染物质及渗透到地下水中的污染物质进行经常性的监测，以掌握水质现状及其发展趋势。

（2）对生产过程、生活设施及其他排放源排放的各类废水进行监视性监测，为污染源管理和排污收费提供依据。

（3）对水环境污染事故进行应急监测，为分析判断事故原因、危害及采取对策提供依据。

（4）为国家政府部门制订环境保护法规、标准和规划，全面开展环境保护管理工作提供有关数据和资料。

（5）为开展水环境质量评价、预测预报及进行环境科学研究提供基础数据和手段。

总之，监测是环境保护技术的重要组成部分，是为了解环境状况质量和评价环境状况质量提供数据、资料和信息；同时也为制订环境管理、各项法律法规提供科学依据。环境水质监测是环境保护不可缺少的手段。

2.1 地面水监测方案的制订

2.1.1 基础资料的收集

在制订监测方案之前，应尽可能完备地收集欲监测水体及所在区域的有关资料。

水体的水文、气候、地质和地貌资料。如水位、水量、流速及流向的变化，降雨量、蒸发量及历史上的水情，河流的宽度、深度、河床结构及地质状况，湖泊沉积物的特性、间温层分布、等深线等。

（1）水体沿岸城市分布、工业布局、污染源及其排污情况、城市给排水情况等。

（2）水体沿岸的资源现状和水资源的用途、饮用水源分布和重点水源保护区、水体流域土地功能及近期使用计划等。

（3）历年的水质资料等。

（4）水资源的用途、饮用水源分布和重点水源保护区。

（5）实地勘察现场的交通情况、河宽、河床结构、岸边标志等。对于湖泊，还需了解生物特点、沉积物特点、间温层分布、容积、平均深度、等深线和水更新时间等。

（6）收集原有的水质分析资料或在需要设置断面的河段上设若干调查断面进行采样分析。

2.1.2 监测断面和采集点的设置

在对调查研究结果和有关资料进行综合分析的基础上，根据监测目的和监测项目，并考虑人力、物力等因素确定监测断面和采样点。同时还要考虑实际采样时的可行性和方便性。

1. 监测断面的设置原则

监测断面的设置原则的确定，主要考虑水质变化较为明显、特定功能水域或有较大的参考意义的水体，具体来讲可概述为六个方面。

（1）有大量废水排入河流的主要居民区、工业区的上游和下游。

（2）湖泊、水库、河口的主要入口和出口。

（3）较大支流汇合口上游和汇合后与干流充分混合处，入海河流的河口处；受潮汐影响的河段和严重水土流失区。

（4）国际河流出入国境线的出入口处。

（5）饮用水源区、水资源集中的水域、主要风景游览区、水上娱乐区及重大水力设施所在地等功能区。

（6）应尽可能与水文测量断面重合，并要求交通方便，有明显的岸边标志。

监测断面的设置数量，应根据掌握水环境质量状况的实际需要，在对污染物时空分布和变化规律的了解、优化的基础上，以最少的断面、垂线和测点取得代表性最好的监测数据。

2. 河流监测断面的设置

对于江、河水系或某一河段，要求设置对照断面、控制断面和削减断面（见图2-1）。

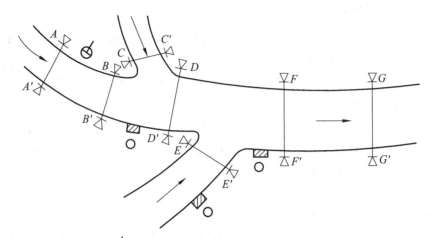

——— 表示水流方向；⊖ 表示自来水厂取水点；○ 表示污染源；▨ 表示排污口；

A—A′表示对照断面；G—G′表示消减断面；B—B′、C—C′、D—D′、E—E′、F—F′表示控制断面

图2-1　河流监测断面设置示意图

（1）对照断面：为了解流入监测河段前的水体水质状况而设置。这种断面应设在河流进入城市或工业区以前的地方，避开各种污废水流入或回流处。一个河段一般只设一个对照断面，有主要支流时可酌情增加。

（2）控制断面：为评价、监测河段两岸污染源对水体水质影响而设置。控制断面的数目应根据城市的工业布局和排污口分布情况而定，断面的位置与废水排放口的距离应根据主要污染物的迁移、转化规律，河水流量和河道水力学特征确定，一般设在排污口下游500～1 000 m处。因为在排污口下游500 m横断面上的1/2宽度处重金属浓度一般出现高峰值。对特殊要求的地区，如水产资源区、风景游览区、自然保护区、与水源有关的地方病发病区、严重水土流失区及地球化学异常区等的河段上也应设置控制断面。

（3）削减断面：是指河流受纳废水和污水后，经稀释扩散和自净作用，使污染物浓度显著下降。其左、中、右三点浓度差异较小的断面，通常设在城市或工业区最后一个排污口下游1 500 m以外的河段上。水量小的小河流应视具体情况而定。

（4）背景断面：有时为了取得水系和河流的背景监测值，还应设置背景断面。这种断面上的水质要求基上未受人类活动的影响，应设在清洁河段上。

3. 河流采样点位的确定

设置监测断面后，应根据水面的宽度确定断面上的采样垂线，再根据采样垂线的深度确定采样点位置和数目。在一个监测断面上设置的采样垂线数与各垂线上的采样点数应符合表2-1和表2-2，湖（库）监测垂线上的采样点的布设应符合表2-3。

表 2-1　采样垂线数的设定

水面宽	垂线数	说　明
≤50 m	一条（中泓垂线）	垂线布设应避开污染带，要测污染带应另加第一线；确能证明该断面水质均匀时，可仅设中泓垂线凡在该断面要计算污染通量时，必须按本表设置垂线
50～100 m	二条（近左、右岸有明显水流处）	
>100 m	三条（左、中、右）	

表 2-2　采样垂线上的采样点数的设置

水深	采样点数	说　明
≤5 m	上层一点	上层指水面下 0.5 m 处，水深不到 0.5 m 时，在水深 1/2 处；下层指河底以上 0.5 m 处
5～10 m	上、下层两点	中层指 1/2 水深处；
>10 m	上、中、下三层三点	封冻时在冰下 0.5 m 处采样，水深不到 0.5 m 处时，在水深 1/2 处采样；凡在该断面要计算污染物通量时，必须按本表设置采样点

表 2-3　湖（库）监测垂线上采样点的布设

水深	分层情况	采样点数	说　明
≤5 m	—	一点（水面下 0.5 m 处）	分层是指湖水温度分层状况；水深不足 1 m，在 1/2 水深处设测点；有充分数据证实垂线水质均匀时，可酌情减少测点
5～10 m	不分层	二点（水面下 0.5 m，水底上 0.5 m）	
5～10 m	分层	三点（水面下 0.5 m，1/2 斜温层，水底上 0.5 m 处）	
>10 m	—	降水面下 0.5 m，水底上 0.5 m 外，按每一斜温分层 1/2 处设置	

4. 湖泊、水库监测垂线的布设

湖泊、水库通常只设监测垂线，如有特殊情况可参照河流的有关规定设置监测断面（见图 2-2）。

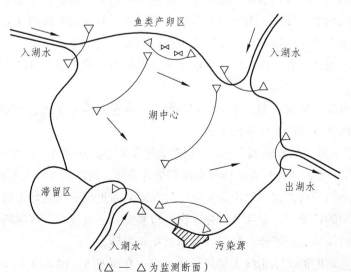

（△ — △为监测断面）

图 2-2　湖泊监测断面的设置

（1）污染物影响较大的重要湖泊、水库，应在污染物的主要输送路线上设置控制断面。

（2）湖（库）区的不同水域，如进水区、出水区、深水区、浅水区、湖心区、岸边区，按水体类别设置监测垂线。

（3）湖（库）区若无明显功能区别，可用网格法均匀设置监测。

垂线上采样点位置和数目的确定方法与河流相同。如果存在间温层，应先测定不同水深处的水温、溶解氧等参数，确定成层情况后再确定垂线上采样点的位置，如图2-3所示。

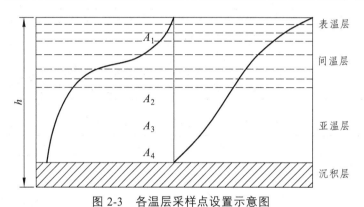

图 2-3　各温层采样点设置示意图

A_1—表温层中；A_2—间温层下；A_3—亚温层中；A_4—沉积物与水交界面上约 1 m 处；h—水深

监测断面和采样点的位置确定后，其所在位置应该固定明显的岸边天然标志。如果没有天然标志物，则应设置人工标志物，如竖石柱、打木桩等。每次采样要严格以标志物为准，使采集的样品取自同一位置上，以保证样品的代表性和可比性。

5. 采样时间和采样频率的确定

为使采集的水样具有代表性，能够反映水质在时间和空间上的变化规律，必须确定合理的采样时间和采样频率，力求以最低的采样频次，取得最有时间代表性的样品，既要满足能反映水质状况的要求，又要切实可行，一般原则如下。

（1）饮用水源地、省（自治区、直辖市）交界断面中需要重点控制的监测断面每月至少采样 1 次。

（2）国控水系、河流、湖、库上的监测断面，逢单月采样 1 次，全年 6 次。

（3）水系的背景断面每年采样 1 次。

（4）受潮汐影响的监测断面采样，分别在大潮期和小潮期进行。每次采集的涨、退潮水样应分别测定。涨潮水样应在断面处水面涨平时采样，退潮水样应在水面退平时采样。

（5）如某必须项目连续三年均未检出，且在断面附近确定无新增排放源，而现有污染源排污量未增的情况下，每年可采样 1 次进行测定。一旦检出，或在断面附近有新的排放源或现有污染源有新增排污量时，即恢复正常采样。

（6）国控监测断面（或垂线）每月采样 1 次，在每月 5 ~ 10 d 内进行采样。

（7）遇有特殊自然情况或发生污染事故时，要随时增加采样频次。

2.1.3 地面水监测方案的制订案例

1. 工程概况

某水库工程项目为新建一座解决城镇供水、农业灌溉及农村人畜饮水的中型水利工程，由枢纽工程、供水工程及灌区工程三部分组成，占地面积约 104 万 m^2。水库建成后多年平均总供水量约 1 351 万 m^3，其中县城供水量约 1 266 万 m^3，农村人畜供水量约 15 万 m^3，灌溉供水量约 70 万 m^3。

拟建水库的枢纽工程包括主坝、副坝、连通隧洞、半沟借水工程，主坝位于小井溪荆竹园下游，副坝位于宋家溪中游河段，主坝与副坝间通过连通隧洞成为水库。水库正常蓄水位 926.80 m，总库容 1 066 万 m^3。供水工程包括供水隧洞、供水隧洞沿线借水工程、小坝供水工程。供水隧洞设计引用流量 0.49 m^3/s，含 5 段隧洞、4 处渡槽、1 处倒虹吸管，线路总长约 8.5 km，供水隧洞出口分别接在建关槽隧洞进口和小坝供水工程，供水至酉阳县城规划水厂和小坝水厂。小坝供水工程含提水泵站一座、高位水池一座。灌区工程包括大泉村和平地坝村农业灌溉和农村人畜供水管道，灌区工程管线总长约 6.6 km。

2. 监测断面设置

根据水质监测与评价的相关规范和拟建项目的实际情况，共设 7 个水质监测断面，其中断面 1—1、4—4、5—5、6—6 分别设于半沟借水坝处、洞子沟借水坝处、五方溪借水坝处、下鹿井沟借水坝处，断面 2—2、3—3 分别设于水库副坝处、水库主坝处，断面 7—7 设置在项目段氽河。拟建工程的监测断面设置如图 2-4 所示。

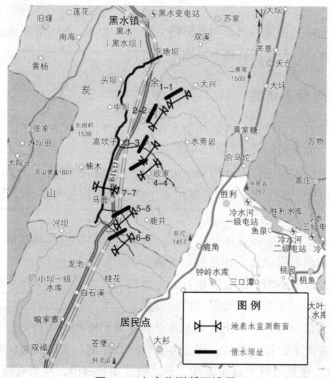

图 2-4　水库监测断面设置

3. 监测项目

断面 1—1、4—4、5—5、6—6 的监测项目包括化学需氧量（COD）、五日生化需氧量（BOD_5）、总氮（以 N 计）、硒、氰化物、挥发酚、石油类、阴离子表面活性剂、硫化物。

断面 2—2、3—3 的监测项目包括五日生化需氧量（BOD_5）、硒、氰化物、挥发酚、石油类、阴离子表面活性剂、硫化物。

断面 7—7 的监测项目包括 pH、悬浮物、COD、BOD_5、NH_{3-N}、TP、TN、石油类。

4. 监测时间及频率

该水库工程的地面水各监测断面均监测 1 d，每天监测 1 次。

2.2 水污染源监测方案的制订

水污染源包括工业废水源、生活污水源、医院污水源等。工业生产过程中排出的水称为废水。废水包括工艺过程用水、机器设备冷却水、烟气洗涤水、漂白水、设备和场地清洗水等。由居民区生活过程中排出物形成的含公共污物的水称为污水。污水中主要含有洗涤剂、粪便、细菌、病毒等，进入水体后，大量消耗水中的溶解氧，使水体缺氧，自净能力降低，其分解产物具有营养价值，引起水体富营养化，细菌病毒还可能引发疾病。

废水和污水采样是污染源调查和监测的主要工作之一，而污染源调查和监测是监测工作的一个重要方面，是环境管理和治理的基础。

2.2.1 采样前的调查研究

要保证采样地点、采样方法可靠并使水样有代表性，必须在采样前进行调查研究工作，包括以下几个方面的内容。

（1）调查工业用水情况。工业用水一般分生产用水和管理用水。生产用水主要包括工艺用水、冷却用水、漂白用水等。管理用水主要包括地面与车间冲洗用水、洗浴用水、生活用水等。

需要调查清楚工业用水量、循环用水量、废水排放量、设备蒸发量和渗漏损失量。可用水平衡计算和现场测量法估算各种用水量。

（2）调查工业废水类型。工业废水可分为物理污染废水、化学污染废水、生物及生物化学污染废水三种主要类型以及混合污染废水。

通过生产工艺的调查，计算出排放水量并确定需要监测的项目。

（3）调查工业废水的排污去向。调查内容有：① 车间、工厂或地区的排污口数量和位置；② 直接排入还是通过渠道排入江、河、湖、库、海中，是否有排放渗坑。

2.2.2 采样点的设置

水污染源一般经管道或沟、渠排放，水的截面面积比较小，不需设置断面，而直接确定采样点位。

1）工业废水

（1）在车间或车间设备出口处应布点采样测定第一类污染物。所谓第一类污染物即毒性大、对人体健康产生长远不良影响的污染物，这些污染物主要包括汞、镉、砷、铅和它们的无机化合物、六价铬的无机化合物、有机氯和强致癌物质等。

（2）在工厂总排污口处应布点采样测定第二类污染物。所谓第二类污染物即除第一类污染物之外的所有污染物，这些污染物包括悬浮物、硫化物、挥发酚、氰化物、有机磷、石油类、铜、锌、氟及它们的无机化合物、硝基苯类、苯胺类等。

（3）有处理设施的工厂应在处理设施的排出口处布点。为了解决对废水的处理效果，可在进水口和出水口同时布点采样。

（4）在排污渠道上，采样点应设在渠道较直、水量稳定、上游没有污水汇入处。

（5）某些二类污染物的监测方法尚不成熟，在总排污口处布点采样监测因干扰物质多而会影响监测结果。这时，应将采样点移至车间排污口，按废水排放量的比例折算成总排污口废水中的浓度。

2）生活污水和医院污水

采样点设在污水总排放口，对污水处理厂，应在进、出口分别设置采样点采样监测。

2.2.3 采样时间和频率的确定

（1）监督性监测。地方环境监测站对污染源的监督性监测每年不少于 1 次，被国家或地方环境保护行政主管部门列为年度监测的重点排污单位，应增加到 2~4 次。因管理或执法的需要所进行的抽查性监测或企业的加密监测由各级环境保护行政主管部门确定。

生活污水每年采样监测 2 次，春、夏季各 1 次，医院污水每年采样监测 4 次，每季度 1 次。

（2）企业自我监测。工业废水按生产周期和生产特点确定监测频率。一般每个生产日至少 3 次。排污单位为了确认自行监测的采样频次，应在正常生产条件下的一个生产周期内进行加密监测。周期在 8 h 以内的，每小时采 1 次样；周期大于 8 h 的，每 2 h 采 1 次样，但每个生产周期采样次数不少于 3 次，采样的同时测定流量，根据加密监测结果，绘制污水污染物排放曲线（浓度-时间，流量-时间，总量-时间），并与所掌握资料对照，如基本一致，即可据此确定企业自行监测的采样频次。根据管理需要进行污染源调查性监测时，也按此频次采样。

排污单位如有污水处理设施并能正常运转使污水能稳定排放，则污染物排放曲线比较平稳，监督监测可以采瞬时样；对于排放曲线有明显变化的不稳定排放污水，要根据曲线情况分时间单元采样，再组成混合样品。正常情况下，混合样品的单元采样不得少于两次。如排放污水的流量、浓度甚至组分都有明显变化，则在各单元采样时的采样量应与当时的污水流量成比例，以使混合样品更有代表性。

（3）对于污染治理、环境科研、污染源调查和评价等工作中的污水监测，其采样频次可以根据工作方案的要求另行确定。

2.3 地下水水质监测方案的制订

储存在土壤和岩石空隙（孔隙、裂隙、溶隙）中的水统称地下水。地下水埋藏在地层的不同深度，相对地面水而言，其流动性和水质参数的变化比较缓慢。地下水质监测方案的制订过程与地面水基本相同。

2.3.1 调查研究和收集资料

（1）收集、汇总监测区域的水文、地质、气象等方面的有关资料和以往的监测资料。例如，地质图、剖面图、测绘图、水井的成套参数、含水层、地下水补给、径流和流向，以及温度、湿度、降水量等。

（2）调查监测区域内城市发展、工业分布、资源开发和土地利用情况，尤其是地下工程规模、应用等；了解化肥和农药的施用面积和施用量；查清污水灌溉、排污、纳污和地面水污染现状。

（3）测量或查知水位、水深，以确定采水器和泵的类型、所需费用和采样程序。

（4）在完成以上调查的基础上，确定主要污染源和污染物，并根据地区特点与地下水的主要类型把地下水分成若干个水文地质单元。

2.3.2 采样点的设置

由于地质结构复杂，使地下水采样点的设置也变得复杂，自监测井采集的水样只代表含水层平行和垂直的一小部分，所以，必须合理地选择采样点。

1）地下水采样井布设原则

（1）全面掌握地下水水资源质量状况，对地下水污染进行监视、控制。

（2）根据地下水类型分区与开采强度分区，以主要开采层为主布设，兼顾深层和自流地下水。

（3）尽量与现有地下水水位观测井网相结合。

（4）采样井布设密度为主要供水区密，一般地区稀；城区密，农村稀；污染严重区密，非污染区稀。

（5）不同水质特征的地下水区域应布设采样井。

（6）专用站按监测目的与要求布设。

2）地下水采样井布设方法与要求

在下列地区应布设采样井：① 以地下水为主要供水水源的地区；② 饮水型地方病（如高氟病）高发地区；③ 污水灌溉区、垃圾堆积处理场地区及地下水回灌区；④ 污染严重区域。

3）平原（含盆地）地区地下水采样井布设

密度一般为 1 眼/200 km^2，重要水源地或污染严重地区可适当加密；沙漠区、山丘区、岩溶山区等可根据需要，选择典型代表区布设采样井。

4）一般水资源质量监测及污染控制井

根据区域水文地质单元状况，视地下水主要补给来源，可在垂直于地下水流的垂直上方，设置一个至数个背景值监测井。或者根据本地区地下水流向、污染源分布状况及活动类型与分布特征，采用网格法或放射法布设。

5）多级深度井

应沿不同深度布设数个采样点。

2.3.3 采样时间与频率的确定

（1）背景井点每年采样 1 次。
（2）全国重点基本站每年采样 2 次，丰、枯水期各 1 次。
（3）地下水污染严重的控制井，每季度采样 1 次。
（4）在以地下水作生活饮用水源的地区每月采样 1 次。
（5）专用监测井按设置目的与要求确定。

2.4 水体监测项目

监测项目依据水体功能和污染源的类型不同而异，其数量繁多，但受人力、物力、经费等各种条件的限制，不可能也没有必要一一监测，而应根据实际情况，选择环境标准中要求控制的危害大、影响范围广，并已建立可靠分析测定方法的项目。根据该原则，发达国家相继提出优先监测污染物。例如，美国环境保护局（EPA）在"清洁水法"（CWA）中规定了 129 种优先测污染物；苏联卫生部公布了 561 种有机污染物在水中的极限允许浓度；我国环境监测总站提出了 68 种水环境优先监测污染物名单。

下面介绍我国《环境监测技术规范》中对地面水和废水规定的监测项目。

2.4.1 地面水监测项目

地面水监测项目见表 2-4。

表 2-4 地面水监测项目

地面水类型	必测项目	选测项目
河流	水温、pH、电导率、溶解氧、化学需氧量、五日生化需氧量、氨氮、总磷、总氮、氟化物、挥发酚、氰化物、砷、硒、汞、六价铬、铜、锌、铅、镉、硫化物、阴离子表面活性剂、石油类、粪大肠菌群等	氯化物,有机氯农药、有机磷农药、总铬、大肠菌群、总α、总β、铀、镭、钍、总硬度、亚硝酸盐氮
饮用水源地	水温、pH、电导率、溶解氧、化学需氧量、五日生化需氧量、氨氮、总磷、总氮、氟化物、挥发酚、氰化物、砷、硒、汞、六价铬、铜、锌、铅、镉、硫化物、阴离子表面活性剂、石油类、粪大肠菌群氯化物、硝酸盐、硫酸盐、铁、锰等	锰、铜、锌、阴离子洗涤剂、硒、石油类、有机氯农药、有机磷农药、硫酸盐、碳酸盐等
湖泊、水库	水温、pH、电导率、溶解氧、化学需氧量、五日生化需氧量、氨氮、总磷、总氮、氟化物、挥发酚、氰化物、砷、硒、汞、六价铬、铜、锌、铅、镉、硫化物、阴离子表面活性剂、石油类、粪大肠菌群、透明度、叶绿素a等	钾、钠、藻类（优势种）、浮游藻、可溶性固体总量、铜、大肠菌群等
排污河（渠）	根据纳污情况确定	根据纳污情况确定
底泥	砷、汞、铬、铅、镉、铜等	硫化物、有机氯农药、有机磷农药等

饮用水保护区或饮用水源的江河除监测常规项目外，必须注意剧毒和"三致"有毒化学品的监测。

2.4.2 工业废水监测项目

工业废水监测项目见表 2-5。

表 2-5 工业废水监测项目

类　别	监测项目
黑色金属矿山(包括磁铁矿、赤铁矿、锰矿等)	pH、悬浮物、硫化物、铜、铅、锌、镉、汞、六价铬等
黑色冶金(包括选矿、烧结、炼焦、炼铁、炼钢、轧钢等)	pH、悬浮物、化学需氧量、硫化物、氟化物、挥发酚、氰化物、石油类、铜、铅、锌、砷、镉、汞等
有色金属矿山及冶炼	pH、悬浮物、化学需氧量、硫化物、氟化物、挥发酚、铜、铅、锌、砷、镉、汞、六价铬等

类　别		监测项目
石油开采		pH、化学需氧量、生化需氧量、悬浮物、硫化物、挥发酚、石油类等
焦化		化学需氧量、生化需氧量、悬浮物、硫化物、挥发酚、氰化物、石油类、氨氮、苯类、多环芳烃、水温等
选矿药剂		化学需氧量、生化需氧量、悬浮物、硫化物、挥发酚等
石油炼制		pH、化学需氧量、生化需氧量、悬浮物、硫化物、挥发酚、氰化物、石油类、苯类、多环芳烃等
煤矿（包括洗煤）		pH、悬浮物、砷、硫化物等
火力发电、热电		pH、水温、悬浮物、硫化物、砷、铅、镉、酚、石油类等
化学矿开采	硫铁矿	pH、悬浮物、硫化物、铜、铅、锌、镉、汞、砷、六价铬等
	磷矿	pH、悬浮物、氟化物、硫化物、砷、铅、磷等
	雄黄矿	pH、悬浮物、硫化物、砷等
	汞矿	pH、悬浮物、硫化物、砷、汞等
	萤石矿	pH、悬浮物、氟化物等
无机原料	硫酸	pH、悬浮物、硫化物、氟化物、铜、铅、锌、镉、砷等
	氯碱	pH（或酸度、碱度）、化学需氧量、悬浮物、汞等
	铬盐	pH（或酸度）、总铬、六价铬等
有机原料		pH（或酸度、碱度）、化学需氧量、生化需氧量、悬浮物、挥发酚、氰化物、苯类、硝基苯类、有机氯等
化肥	氮肥	化学需氧量、生化需氧量、挥发酚、氰化物、硫化物、砷等
	磷肥	pH（或酸度）、化学需氧量、悬浮物、氟化物、砷、磷等
橡胶	合成橡胶	pH（或酸度、碱度）、化学需氧量、生化需氧量、石油类、铜、锌、六价铬、多环芳烃等
	橡胶加工	化学需氧量、生化需氧量、硫化物、六价铬、石油类、苯、多环芳烃等
染料		pH（或酸度、碱度）、化学需氧量、生化需氧量、悬浮物、挥发酚、硫化物、苯胺类、硝基苯类等
化纤		pH、化学需氧量、生化需氧量、悬浮物、铜、锌、石油类等
制药		pH（或酸度、碱度）、化学需氧量、生化需氧量、石油类、硝基苯类、硝基酚类、苯胺类等
农药		pH、化学需氧量、生化需氧量、悬浮物、硫化物、挥发酚、砷、有机氯、有机磷等
塑料		化学需氧量、生化需氧量、硫化物、氰化物、铅、砷、汞、石油类、有机氯、苯类、多环芳烃等

2.4.3　生活污水监测项目

化学需氧量、生化需氧量、悬浮物、氨氮、总氮、总磷、阴离子洗涤剂、细菌总数、大肠菌群等。

2.4.4　医院污水监测项目

pH、色度、浊度、悬浮物、余氯、化学需氧量、生化需氧量、致病菌、细菌总数、大肠菌群等。

2.4.5　地下水监测项目

地下水监测项目主要根据地下水在本地区的天然污染、工业与生活污染状况和环境管理的需要确定。地下水水质监测项目要求如下。

（1）全国重点基本站应符合表 2-6 中必测项目要求，并根据地下水用途选测有关监测项目。

（2）源性地方病源流行地区应另增测碘、钼等项目。

（3）工业用水应另加测侵蚀性二氧化碳、总可溶性固体、磷酸盐等项目。

（4）沿海地区应另加测碘等项目。

（5）矿泉水应增测硒、锶、偏硅酸等项目。

（6）农村地下水，可选测有机氯、有机磷农药及凯氏氮等项目；有机污染严重区域应选测苯系物、烃类、挥发性有机碳和可溶性有机碳等项目。

表 2-6　地下水监测项目

必测项目	选测项目
pH、溶解性总固体、总硬度、氯化物、氟化物、硫酸盐、氨氮、硝酸盐氮、亚硝酸盐氮、高锰酸钾指数、挥发性酚、氰化物、砷、汞、六价铬、铅、铁、锰、大肠菌群	色、臭和味、浊度、肉眼可见物、铜、锌、钼、钴、阴离子合成洗涤剂、碘化物、硒、铍、钡、镍、六六六、滴滴涕、细菌总数、总 α 放射性、总 β 放射性

思 考 题

1. 制订地表水水质监测方案需要收集哪些基础资料？

2. 简述如何设置地下水采样点。

3. 生活污水监测项目有哪些（至少写出 5 项）？

4. 水污染源为何不需设置断面而直接确定采样点位？

5. 地面水监测断面的设置有何原则？

6. 简述 4 种河流监测断面的区别。

7. 工业废水采样点的设置有何原则？

8. 怎样确定地下水采样时间和频率？

9. 怎样确定底质监测的采样断面和采样点的位置？

项目 3　水样的采集、保存和预处理

【学习目标】

本项目有 2 个学习情境，分别介绍水样及不同水体类型的水样采集方法、不同水样的运输和保存、水样的预处理，通过学习本项目要达到以下目的：

（1）掌握采集水样的常用方法；

（2）掌握不同水体和不同水样的运输与保存方法；

（3）掌握水样消解的目的与方法；

（4）掌握不同水样的分离、富集的方法。

3.1　水样的采集与保存

水样的采集和保存是水质分析的重要环节之一，是水质分析准确性的重要保障。如果这个环节出现问题，后续的分析测试工作无论多么严密、准确无误，其结果也毫无意义，也将会误导环境执法、水质评价工作。因此，欲获得准确、可靠的水质分析数据，水样采集和保存方法必须规范、统一，各个环节都不能存在疏漏。

水样采集和保存的主要原则有：

（1）水样必须具有足够的代表性；

（2）水样必须不受任何意外的污染。

水样的代表性是指水样中各种组分的含量都能符合被测水体的真实情况。要采集到真实而有代表性的水样，必须选择合理的采样位置、采样时间和科学的采样技术方法。

3.1.1　认识水样

对于天然水体，为了采集具有代表性的水样，就要根据分析目的和现场实际情况来确定采集样品的类型及采样方法。对于工业废水和生活污水，应根据生产工艺、排污规律和监测目的，针对其流量、浓度都随时间变化的非稳态流体特性，科学、合理地设计水样采集的种类和采样方法。归纳起来，水样类型有 6 种。

1. 瞬时水样

瞬时水样是指在某一时间和地点从水中（天然水体或废水排水口）随机采集的分散水样。其特点是监测水体的水质比较稳定，瞬时采集的水样已具有很好的代表性。

对一些水质变化不大的天然水体或工业废水，也可按一定时间间隔采集多个瞬时水样，绘制出浓度（c）-时间（t）关系曲线，并计算其平均浓度和高峰浓度，掌握水质的变化规律。

2. 等时混合水样（平均混合水样）

等时混合水样是指某一时段内（一般为一昼夜或一个生产周期），在同一采样点按照相等时间间隔采集等体积的多个水样，经混合均匀后得到等时混合水样。此采样方法适用于废水流量较稳定（变化不大于 20% 时），但水体中污染物浓度随时间有变化的废水。

3. 等比例混合水样（平均比例混合水样）

等比例混合水样是指某一时段内，在同一采样点所采集水样量随时间或流量成比例变化，经混合均匀后得到等比例混合水样。

部分工业企业由于生产的周期性，废水的组分、浓度及排放量都会随时间发生变化，这时就应采集等比例混合水样。即在一段时间内，间隔一定的时间采样，然后按相应的流量比例混合均匀后组成的混合水样；或在一段时间内，根据流量情况，适时增减采样量和采样频次，采集的水样立即混合后得到的即等比例混合水样。

多支流河流、多个废水排放口的工业企业等经常需要采集等比例混合水样。因为等比例混合水样可以保证监测结果具有代表性，并使工作量不会增加过多，从而节省人力和财力。

4. 流量比例混合水样

流量比例混合水样即在有自动连续采样器的条件下，在一段时间内按流量比例连续采集而混合均匀的水样。流量比例混合水样一般采用与流量计相连的自动采样器进行采样。比例混合水样分为连续比例混合水样和间隔比例混合水样 2 种。连续比例混合水样是在选定采样时段内，根据废水排放流量，按一定比例连续采集的混合水样。间隔比例混合水样是根据一定的排放量间隔，分别采集与排放量有一定比例关系的水样混合而成。

5. 综合水样

综合水样是指在不同采样点同时采集的各个瞬时水样经混合后所得到的水样。这种水样在某些情况下更具有实际意义，适用于在河流主流、多个支流及多个排污点处同时采样，或者在工业企业内各个车间排放口同时采集水样的情况，以综合水样得到的水质参数作为水处理工艺设计的依据更有价值。

6. 单独水样

有些天然水体和废水中，某些成分的分布很不均匀，如油类和悬浮物；某些成分在放置过程中很容易发生变化，如溶解氧和硫化物；某些成分的现场固定方式相互影响，如氰化物和 COD 等综合指标。如果从采样瓶中取出部分水样来进行这些项目的分析，其结果往往已失去了代表性。这时必须采集单独水样，分别进行现场固定和后续分析。

3.1.2　采样前的准备

地表水、地下水、废水和污水在采样前，首先要根据监测内容和监测项目的具体要求选择合适的采样器和盛本器，要求采样器具的材质化学性质稳定、容易清洗、瓶口易密封，确定采样总量（分析用量和备份用量）。

1. 采样器

欲从一定深度的水中采样时，需要使用专门的采样器。采样器一般是比较简单的，只要将容器（如水桶、瓶子等）沉入要取样的河水或废水中，取出后将水样倒进合适的盛水器（储样容器）中即可。图 3-1 所示为简单采样器。这种采样器是将一定体积的采集瓶套入金属框内，附于框底的铅、铁或石块等重物用来增加自重。瓶塞与一根带有标尺的纫绳相连。当采样器沉入水中预定的深度时，将细绳提起，瓶塞开启，水即注入瓶中。一般不会将水装满瓶，以防温度升高而将瓶塞挤出。

对于水流湍急的河段，宜用图 3-2 所示的急流采样器。采样前塞紧橡胶塞，然后垂直沉入要求的水深处，打开上部橡胶夹，水即沿长玻璃管通至采样瓶中，瓶内空气由短玻璃管沿橡胶管排出。采集的水样因与空气隔绝，可用于水中溶解性气体的测定。

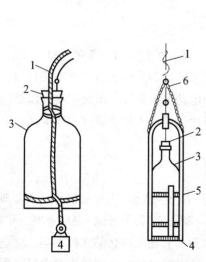

图 3-1　简单采样器
1—绳子；2—带有软绳子的木塞；3—采样瓶；
4—铅锤；5—铁框；6—挂钩

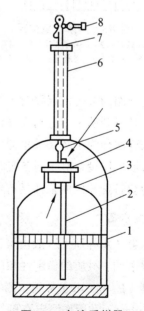

图 3-2　急流采样器
1—带重锤的软框；2—长玻璃管；3—采样瓶；4—橡皮塞；
5—玻璃短管；6—钢管；7—橡皮管；8—夹子

如果需要测定水中的溶解氧，则应采用如图 3-3 所示的双瓶采样器采集水样。当双瓶采样器沉入水中后，打开上部橡胶塞，水样进入小瓶（采样瓶）并将瓶内空气驱入大瓶，从连接大瓶短玻璃管的橡胶管排出，直到大瓶中充满水样，提出水面后迅速密封大瓶。

采集水样量大时，可用采样泵来抽取水样。一般要求在泵的吸水口包几层尼龙纱网以防止泥砂、碎片等杂物进入瓶中。测定痕量金属时，则宜选用塑料泵。也可用虹吸管来采集水样，图 3-4 是一种利用虹吸原理制成的连续采样装置。

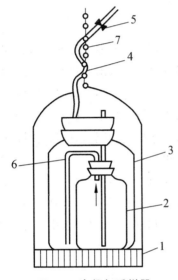

图 3-3　溶解氧采样器
1—带重锤的铁框；2—小瓶；3—大瓶；4—橡胶管；
5—夹子；6—塑料管；7—绳子

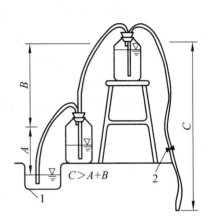

图 3-4　虹吸连续采样器
1—废水道；2—螺旋夹

上述介绍的多是定点瞬时手工采样器。为了提高采样的代表性、可靠性和采样效率，目前国内外已开始采用自动采样设备，如自动水质采样器和无电源自动水质采样器。自动水质采样法分为手摇泵采水器、直立式采水器和电动采水泵等，可根据实际需要选择使用。自动采样设备对于制备等时混合水样或连续比例混合水样、研究水质的动态变化及一些地势特殊地区的采样具有十分明显的优势。

2. 盛水器

盛水器（水样瓶）一般由聚四氟乙烯、聚乙烯、石英玻璃和硼硅玻璃等材质制成。研究结果表明，材质的稳定性顺序为：聚四氟乙烯>聚乙烯>石英玻璃>硼硅玻璃。通常，塑料容器（P，plastic）常用作测定金属、放射性元素和其他无机物的水样容器，玻璃容器（G，glass）常用作测定有机物和生物类等的水样容器。每个监测指标对水样容器要求不尽相同，详情见表 3-1。

表 3-1　常用水样保存方法

监测项目	盛水器	保存方法	保存期	采样量（mL）	容器洗涤
温度	G	现场测定	—	—	I
浊度	G、P	尽量现场测定	12 h	250	I
色度	G、P	尽量现场测定	12 h	250	I
pH	G、P	尽量现场测定	12 h	250	I
电导率	G、P	尽量现场测定	12 h	250	I
悬浮物	G、P	0～4 ℃ 低温冷藏	14 d	500	I
硬度	G、P	0～4 ℃ 低温冷藏	7 d	250	I
碱度	G、P	低温（0～4 ℃）避光保存	12 h	500	I
酸度	G、P	低温（0～4 ℃）避光保存	12 h	500	I
COD	G	加 H_2SO_4 酸化至 pH≤2，低温（0～4 ℃）冷藏	2 d	500	I
DO	溶解氧瓶	加入 $MnSO_4$+KI，现场固定，避光保存	24 h	250	I
高锰酸盐指数	G	加 H_2SO_4 酸化至 pH≤2，低温（0～4 ℃）冷藏	2 d	500	I
BOD_5	溶解氧瓶	低温（0～4 ℃）冷藏	12 h	250	I
TOC	G	加 H_2SO_4 酸化至 pH≤2	7 d	250	I
F	P	0～4 ℃ 低温冷藏，避光保存	14 d	250	I
Cl^-	G、P		30 d	250	I
Br	G、P		14 h	250	I
I^-	G、P	加 NaOH，调 pH=12，0～4 ℃ 低温冷藏	14 h	250	I
余氯	G、P	加入 NaOH 固定	6 h	250	I
SO_4^{2-}	G、P	低温（0～4 ℃）冷藏，避光保存	30 d	250	I
PO_4^{3-}	G、P	加入 NaOH 或 H_2SO_4，调 pH=7，$CHCl_3$ 0.5%	7 d	250	F
总磷	G、P	HCl 或 H_2SO_4，调 pH≤2	24 h	250	IV
氨氮	G、P	加 H_2SO_4 酸化至 pH≤2	24 h	250	I
$NO_2^- - N$	G、P	低温（0～4 ℃）冷藏，避光保存	24 h	250	I
$NO_3^- - N$	G、P	低温（0～4 ℃）避光保存	24 h	250	I
总氮	G、P	加浓 HNO_3 酸化至 pH<2	7 d	250	I
硫化物	G、P	加 NaOH 调 pH=9；加入 5%抗坏血酸，饱和 EDTA 试剂，滴加饱和 $Zn(Ac)_2$ 至胶体产生，常温蔽光	24 h	250	I
总氰化物	G、P	加 NaOH，调 pH≥12	24 h	250	I

监测项目	盛水器	保存方法	保存期	采样量(mL)	容器洗涤
Be、Mn、Fe、Pb、Ni、Ag、Cd	G、P	加浓 HNO_3 酸化至 pH<2	14 d	250	Ⅲ
Cu、Zn	P	加浓 HNO_3 酸化至 pH<2	14 d	250	Ⅲ
Mg、Ca	G、P	加浓 HNO_3 酸化至 pH<2	14 d	250	Ⅱ
B、K、Na	P				
Se、Sb、	G、P	加 HCl 酸化至 pH<2	14 d	250	Ⅲ
Hg	G、P	加 HCl 酸化至 pH<2	14 d	250	Ⅲ
Cr	P	加 NaOH 调 pH 为 8~9	24 d	250	Ⅲ
总 Cr	G、P	加浓 HNO_3 酸化至 pH<2	14 d	250	Ⅲ
As	G、P	加浓 HNO_3 或浓 HCl 酸化至 pH<2	14 d	250	Ⅰ
硅酸盐	P	酸化滤液至 pH<2，低温（0~4℃）保存	24 h	250	Ⅲ
总硅	P	酸化滤液至 pH<2，0℃ 低温保存	数月	250	Ⅲ
油类	G	加浓 HCl 酸化至 pH<2	7 d	500	Ⅱ
农药类	G	加入抗坏血酸 0.01~0.02 g，除去残余氯，低温（0~4℃）避光保存	24 h	1 000	Ⅰ
除草剂类					
邻苯二甲酸酯类					
挥发性有机物	G	用(1+10)HCl 调至 pH=2，加入 0.01~0.02 g 抗坏血酸除去残余氯，低温（0~4℃）避光保存	12 h	1 000	Ⅰ
甲醛	G	加入 0.2~0.5 g/L 硫代硫酸钠，除去残余氯，低温避光保存	24 h	250	Ⅰ
酚类	G	用 H_3PO_4 调至 pH=2，用 0.01~0.02 g 抗坏血酸除去残余氯，低温（0~4℃）避光保存	24 h	1 000	Ⅰ
阴离子表面活性剂	G、P	加 H_2SO_4 酸化至 pH<2，低温（0~4℃）保存	48 h	250	Ⅳ
非离子表面活性剂	G	加 4%甲醛使其含量达 1%，充满容器，冷藏保存	30 d		
微生物	G	加入硫代硫酸钠至 0.2~0.5 g/L，除去残余物，4℃ 保存	12 h	250	Ⅰ
生物	G、P	不能现场测定时用甲醛固定	12 h	250	Ⅰ

注：① G 为硬质玻璃，P 为聚乙烯瓶（桶）；

② 采样量为单项样品的最少采样量。

对于有些监测项目，如油类项目，盛水器往往作为采样容器。因此材质要视检测项目统一考虑。尽量避免下列问题的发生：

（1）水样中的某些成分与容器材料发生反应；

（2）容器材料可能引起对水样的某种污染；

（3）某些被测物可能被吸附在容器内壁上。

保持容器的清洁也是十分重要的。使用前，必须对容器进行充分、仔细的清洗。一般来说，测定有机物质时宜用硬质玻璃瓶，而当被测物是痕量金属或玻璃的主要成分，如钠、钾、硼、硅等时，就应该选用塑料盛水器。已有资料报道，玻璃中也可溶出铁、锰、锌和铅；聚乙烯中可溶出锂和铜。

从表 3-1 中可以看出：每个监测指标对水样容器的洗涤方法也有不同的要求。在我国新近颁布的《地表水和污水监测技术规范》（HJ/T 91—2002）中，不仅对具体的监测项目所需盛水容器的材质作出了明确的规定，而且对洗涤方法也进行了统一规范。洗涤方法分为Ⅰ、Ⅱ、Ⅲ和Ⅳ四类，分别适用于不同的监测项目。

Ⅰ类：洗涤剂洗 1 次，自来水洗 3 次，蒸馏水洗 1 次。

Ⅱ类：洗涤剂洗 1 次，自来水洗 2 次，（1 + 3）HNO_3 荡洗 1 次，自来水洗 2 次，蒸馏水洗 1 次。

Ⅲ类：洗涤剂洗 1 次，自来水洗 2 次，（1 + 3）HNO_3 荡洗 1 次，自来水洗 3 次，去离子水洗 1 次。

Ⅳ类：铬酸洗液洗 1 次，自来水洗 3 次，蒸馏水洗 1 次。必要时，再用蒸馏水、去离子水清洗。

经 160 °C 干热灭菌 2 h 的微生物、生物采样容器和盛水器，必须在两周内使用，否则应重新灭菌；经 121 °C 高压蒸汽灭菌 15 min 的采样容器，如不立即使用，应于 60 °C 将瓶内冷凝水烘干，两周内使用。细菌监测项目采样时不能用现场水样冲洗采样容器，不能采混合水样，应单独采样后 2 h 内送实验室分析。

3. 采样量

采样量应满足分析的需要，并应该考虑重复测试所需的水样量和留作备份试样的水样用量。一般情况下，如供单项分析，可参考表 3-1 的建议采样量。如果被测物的浓度很低而需要预先浓缩，采样量就要适当增加。

每个分析方法一般不会对相应监测项目的用水体积提出明确要求。但有些监测项目的采样或分样过程也有特殊要求，需要特别指出。

（1）当水样应避免与空气接触时（如测定含溶解性气体或游离 CO_2 水样的 pH 或电导率），采样器和盛水器都应完全充满，不留气泡空间。

（2）当水样在分析前需要摇荡均匀时（如测定油类或不溶解物质），则不应充满盛水器，装瓶时应使容器留有 1/10 顶空，保证水样不外溢。

（3）当被测物的浓度很低且是以不连续的物质形态存在时（如不溶解物质、细菌、藻类等），应从统计学的角度考虑单位体积里可能的质点数目来确定最小采样量。例如，水中所含的某种质点为 10 个/L，但每 100 mL 水样里所含的却不一定都是 1 个，有的可能含有 2 个、3 个，而有的可能一个也没有。采样量越大，所含质点数目的变率就越小。

（4）将采集的水样总体积分装于几个盛水器内时，应考虑各盛水器水样之间的均匀性和稳定性。

水样采集后，应立即在盛水器（水样瓶）上贴上标签，填写好水样采样记录，包括水样采样地点、日期、时间、水样类型、水体外观、水位情况和气象条件等。

3.1.3　地表水的采样方法

地表水水样采样时，通常采集瞬时水样；有重要支流的河段，有时需要采集综合水样或平均比例混合水样。

地表水表层水的采集，可用适当的容器如水桶等采集。在湖泊、水库等处采集一定深度的水样，可用直立式或有机玻璃采样器，并借助船只、桥梁、索道或涉水等方式进行水样采集。

1. 船只采样

按照监测计划预定的采样时间、采样地点，将船只停在采样点下游方逆流采样，以避免船体搅动起沉积物而污染水样。

2. 桥梁采样

确定采样断面时应考虑尽量利用现有的桥梁采样。在桥上采样安全，并且不受天气和洪水等气候条件的影响，适于频繁采样，并能在空间上准确控制采样点。

3. 索道采样

适用于地形复杂、险要、地处偏僻的小河流的水样采样。

4. 涉水采样

适用于较浅的小河流和靠近岸边水浅的采样点。采样时从下游向上游方向采集水样，以避免涉水时搅动起水下沉积物而污染水样。

采样时，应注意避开水面上的漂浮物进入采样器；正式采样前要用水样冲洗采样器 2～3 次，洗涤废水不能直接回倒入水体中，以避免搅起水中悬浮物；对于采集具有一定深度的河流等水体的水样时，应使用深水采样器，慢慢放入水中采样，并严格控制好采样深度。采集油类指标的水样时，要避开水面上的浮油，在水面下 5～10 cm 处采集水样。

3.1.4　地下水采样方法

地下水的水质比较稳定，一般采集瞬时水样就有较好的代表性。

对于自喷的泉水，可在泉涌处直接采集水样；采集不自喷泉水时，先将积留在抽水管的水汲出，新水更替之后，再进行采样。

采集自来水水样时，应先将水龙头完全打开，放水数分钟，使积留在水管中的陈旧水排出，再采集水样。

从井水中采集水样时，必须在充分抽汲后进行，以保证水样能代表地下水水源的水质。

专用的地下水水质监测井，井口比较窄（5～10 cm），但井管深度视监测要求不等（1～20 m），采集水样常利用抽水设备或虹吸管。通常应提前数日将监测井中积留的陈旧水排出，待新水重新补充入监测井管后再采集水样。

3.1.5　废水或污水的采样方法

工业废水和生活污水的采样种类和采样方法取决于生产工艺、排污规律和监测目的，采样涉及采样时间、地点和采样频次。由于工业废水的流量和浓度都是随时间变化的非稳态流体，可根据能反映其变化并具有代表性的采样要求，采集合适的水样（瞬时水样、等时混合水样、等时综合水样、等比例混合水样和流量比例混合水样等）。

对于生产工艺连续、稳定的企业，所排放废水中的污染物浓度及排放流量变化不大，仅采集瞬时水样就具有较好的代表性；对于排放废水中污染物浓度及排放流量随时间变化无规律的情况，可采集等时混合水样、等比例混合水样或流量比例混合水样，以保证采集的水样的代表性。

废水和污水的采样方法有三种。

（1）浅水采样。当废水以水渠形式排放到公共水域时，应设适当的堰，可用容器或用长柄采水勺从堰溢流中直接采样。在排污管道或渠道中采样时，应在液体流动的部位采集水样。

（2）深层水采样。适用于废水或污水处理池中的水样采集，可使用专用的深层采样器采集。

（3）自动采样。利用自动采样器或连续自动定时采样器采集。可在一个生产周期内，按时间程序将一定量的水样分别采集到不同的容器中自动混合。采样时采样器可定时连续地将一定量的水样或按流量比采集的水样汇集于一个容器中。

自动采样对于制备混合水样（尤其是连续比例混合水样）及在一些难以抵达的地区采样等都是十分有用和有效的。

3.1.6　底质样品的采样方法

底质（沉积物）采样器如图 3-5 和图 3-6 所示。一般通用的是掘式采泥器，可按产品说明书提示的方法使用。掘式和抓式采泥器适用于采集量较大的沉积物样品；掘式或钻式采泥器适用于采集较少的沉积物样品；管式采泥器适用于采集柱状样品。如水深小于 3 m，可将竹竿粗的一端削成尖头斜面，插入河床底部采样。

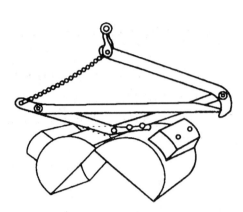

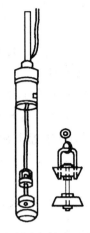

图 3-5　Petersen 氏掘式采泥器　　　图 3-6　手动活塞钻式沉积物采样器

底质采样器一般要求用强度高、耐磨性能较好的钢材制成，使用前应除去油脂并清洗干净，具体要求如下。

（1）采样器使用前必须先用洗涤剂去除表面油脂，采样时将采样器放在水面上冲刷3～5 min，然后采样，采样完毕必须洗净采样器，晾干待用。

（2）采样时遇到水流速度较大，可将采样器用铅坠加重后采样。

（3）用白色塑料盘（桶）和小勺接样。

（4）沉积物接入盘中后，挑除卵石、树枝、贝壳等杂物，搅拌均匀后装入瓶或袋中。对于采集的柱状沉积物样品，为了分析各层柱状样品的化学组成和化学形态，要制备分层样品。首先用木片或塑料铲刮去柱样的表层，然后确定分层间隔，分层切割制样。

3.1.7　水样的运输和保存

由于从采集地到分析实验室有一定距离，各种水质的水样在运送的时间里都会由于物理、化学和生物的作用而发生各种变化。为了使这些变化降低到最低程度，需要采取必要的保护性措施（如添加保护性试剂或制冷剂等措施），并尽可能地缩短运输时间（如采用专门的汽车、卡车甚至直升机运送）。

1. 水样的运输

在水样的运送过程中，需要特别注意以下四点。

（1）盛水器应当妥善包装，以免它们的外部受到污染，运送过程中不应破损或丢失。特别是水样瓶的颈部和瓶塞在运送过程中不应破损或丢失。

（2）为避免水样容器在运输过程中因振动、碰撞而破损，最好将样品瓶装箱，并采用泡沫塑料减震。

（3）需要冷藏、冷冻的样品，需配备专用的冷藏、冷冻箱或车运送；条件不具备时采用隔热容器，并加入足量的制冷剂达到冷藏、冷冻的要求。

（4）冬季水样可能结冰。如果盛水器用的是玻璃瓶，则采取保温措施以免破裂，水样的运输时间一般以 24 h 为最大允许时间。

2. 水样的保存

水样采集后，应尽快进行分析测定。能在现场做的监测项目要求在现场测定，如水中的溶解氧、温度、电导率、pH 等。但由于各种条件所限（如仪器、场地等），往往只有少数测定项目可在现场测定，大多数项目仍需送往实验室内进行测定。有时因人力、时间不足，还需在实验室内存放一段时间后才能分析。因此，从采样到分析的这段时间里，水样的保存技术就显得至关重要。

有些监测项目在采样现场采取一些简单的保护性措施后，能够保存一段时间。水样允许保存的时间与水样的性质、分析指标、溶液的酸度、保存的容器和存放温度等多种因素有关。不同的水样允许的存放时间也有所不同。一般认为，水样的最大存放时间为：清洁水样 72 h，轻污染水样 48 h，重污染水样 12 h。

采取适当的保护措施，虽然能够降低待测成分的变化程度或减缓变化的速度，但并不能完全抑制这种变化。水样保存的基本要求只能是尽量减少其中各种待测组分的变化，所以要求做到：

（1）减缓水样的生物化学作用；

（2）减缓化合物或络合物的氧化-还原作用；

（3）减少被测组分的挥发损失；

（4）避免沉淀、吸附或结晶物析出所引起的组分变化。

水样主要的保护性措施如下。

1）选择合适的保存容器

不同材质的容器对水样的影响不同，一般可能存在吸附待测组分或自身杂质溶出污染水样的情况，因此应该选择性质稳定、杂质含量低的容器。一般常规监测中，常使用聚乙烯和硼硅玻璃材质的容器。

2）冷藏或冷冻

水样保存能抑制微生物的活动，减缓物理作用和化学反应速度。如将水样保存在 $-22 \sim -18\,°C$ 的冷冻条件下，会显著提高水样中磷、氮、硅化合物及生化需氧量等监测项目的稳定性。而且，这类保存方法对后续分析测定无影响。

3）加入保存药剂

在水样中加入合适的保存药剂，能够抑制微生物活动，减缓氧化还原反应的发生。加入的方法可以是在采样后立即加入；也可以在水样分样时，根据需要分瓶分别加入。

不同的水样、同一水样的不同的监测项目要求使用的保存药剂不同，保存药剂主要有生物抑制剂、pH 调节剂、氧化或还原剂等类型，具体的作用如下。

（1）生物抑制剂。在水样中加入适量的生物抑制剂可以阻止生物作用。常用的试剂有氯化汞（$HgCl_2$），加入量为每升水样 $20 \sim 60$ mL；对于需要测汞的水样，可加入苯或三氯甲烷，每升水样加 0.1～1.0 mL；对于测定苯酚的水样，用 H_3PO_4 调节水样的 pH 为 4 时，加入 $CuSO_4$，可抑制苯酚菌的分解活动。

（2）调节 pH。加入酸或碱调节水样的 pH，可以使一些处于不稳定态的待测成分转变成稳定态。例如，对于水样中的金属离子，需加酸调节水样的 pH<2，达到防止金属离子水解沉淀或被容器壁吸附的目的。测定氰化物或挥发酚的水样，需要加入 NaOH 调节其 pH＞12，使两者分别生成稳定的钠盐或酚盐。

（3）氧化或还原剂。在水样中加入氧化剂或还原剂可以阻止或减缓某些组分氧化、还原反应的发生。例如，在水样中加入抗坏血酸，可以防止硫化物被氧化；测定溶解氧的水样则需要加入少量硫酸锰和碘化钾-叠氮化钠试剂将溶解氧固定在水中。

对保存药剂的一般要求是：有效、方便、经济，而且加入的任何试剂都不应对后续的分析测试工作造成影响。对于地表水和地下水，加入的保存试剂应该使用高纯品或分析纯试剂，最好用优级纯试剂。当添加试剂的作用相互有干扰时，建议采用分瓶采样、分别加入的方法保存水样。

水和废水样品的保存方法相对比较成熟。表 3-2 列出了常用保存剂的作用和应用范围。

表 3-2　常用保存剂的作用和应用范围

保存剂	作用	适用的监测项目
$HgCl_2$	细菌抑制剂	各种形式的氮或磷
HNO_3	金属溶剂，防止沉淀	多种金属
H_2SO_4	细菌抑制剂，与有机物形成盐类	有机水样（COD、TOC、油和油脂）
NaOH	与挥发性化合物形成盐类	氰化物、有机酸类、酚类等
冷藏或冷冻	细菌抑制剂，减缓化学反应速率	酸度、碱度、有机物、BOD、色度、生物机体等

4）过滤和离心分离

水样浑浊也会影响分析结果。用适当孔径的滤器可以有效地除去藻类和细菌，滤后的样品稳定性提高。一般而言，可采用澄清、离心、过滤等措施分离水样中的悬浮物。

国际上，通常将孔径为 0.45 μm 的滤膜作为分离可滤态与不可滤态的介质，将孔径为 0.25 μm 的滤膜作为除去细菌处理的介质。采用澄清后取上清液或用滤膜、中速定量滤纸、砂芯漏斗或离心等方式处理水样时，其阻留悬浮性颗粒物的能力大体为：滤膜＞离心＞滤纸＞砂芯漏斗。

欲测定可滤态组分，应在采样后立即用 0.45 μm 的滤膜过滤，暂时无 0.45 μm 的滤膜时，泥沙性水样可用离心方法分离；含有有机物多的水样可用滤纸过滤；采用自然沉降取上清液测定可滤态物质是不妥的。如果要测定全组分含量，则应在采样后立即加入保存药剂，分析测定时充分摇匀后再取样。

国家相关标准中有详细的推荐保存技术，如表 3-1 已列出了针对具体监测项目的水样保存的推荐方法。实际应用时，具体分析指标的保存条件应该和分析方法的要求一致，相关国家标准中有规定保存条件的，应该严格执行国家标准。

3.2　水样的预处理

由于环境样品中污染物种类多、成分复杂，而且多数待测组分浓度低，存在形态各异，样品中存在大量干扰物质。更重要的是，随着环境科学技术的发展，对大多数有机污染物仍以综合指标（如 COD、BOD、TOC 等）进行定量描述已不能满足当今社会对环境监测工作的要求。很多有机物属持久性、生物可积累的有毒污染物，并且具有"三致"作用，可这些有机物在环境介质中浓度极小，对上述综合指标的贡献极小，或者根本反映不出来。这说明在分析测定之前，需要进行程度不同的样品预处理，以得到待测组分适合于分析方法要求的形态和浓度，并与干扰性物质最大限度地分离。因此，环境样品的预处理技术是保证分析数据有效、准确，以及环境影响评价结论正确和可靠的重要基础。正是基于这一点，本节将对环境样品的预处理技术进行较全面的介绍。

3.2.1　样品的消解

在进行环境样品（水样、土壤样品、固体废弃物和大气采样时截留下来的颗粒物等）中的无机元素的测定时，需要对环境样品进行消解处理。消解处理的作用是破坏有机物、溶解颗粒物，并将各种价态的待测元素氧化成单一高价态或转换成易于分解的无机化合物。常用的消解方法有湿式消解法和干灰化法。

常用的消解氧化剂有单元酸体系、多元酸体系和碱分解体系。最常使用的单元酸为硝酸。采用多元酸的目的是提高消解温度、加快氧化速度和改善消解效果。在进行水样消解时，应根据水样的类型及采用的测定方法进行消解酸体系的选择。各消解法体系的适用范围分别叙述如下。

（1）硝酸消解法。对于较清澈的水样或经适当润湿的土壤等样品，可用硝酸消解。其方法要点是：取混匀的水样 50～200 mL 置于锥形瓶中，加入 5～10 mL 浓硝酸，在电热板上加热煮沸，缓慢蒸发至小体积，试池应清澈透明，呈浅色或无色；否则，应补加少许硝酸继续消解。消解至近干时，取下锥形瓶，稍冷却后加 2% HNO_3（或 HCl）20 mL，温热溶解可溶盐。若有沉淀，应过滤，滤液冷至室温后于 50 mL 容量瓶中定容，待分析测定。

（2）硝酸-硫酸消解法。硝酸-硫酸混合酸体系是最常用的消解组合，应用广泛。两种酸都具有很强的氧化能力，其中硫酸沸点高（338 ℃），两者联合使用，可大大提高消解温度和消解效果。图 3-7 为 10 mL 浓硝酸 + 10 mL 浓硫酸加入水样后，在电热板温度控制在 220 ℃时，硝酸-硫酸-水二元混合溶液的温度变化情况，从溶液温度也可估计消解反应的进程。

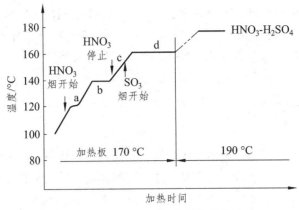

图 3-7　HNO_3-H_2SO_4 加热时的温度变化

常用的硝酸与硫酸的比例为 5∶2。一般消解时，先将硝酸加入待消解样品中，加热蒸发至小体积，稍冷后再加入硫酸、硝酸，继续加热蒸发至冒大量白烟，稍冷却后加 2% HNO_3 温热溶解可溶盐。若有沉淀，应过滤，滤液冷至室温后定容，待分析测定。

欲测定水样中的铅、钡或铬等元素时，该体系不宜采用，因为这些元素易与硫酸反应生成难溶硫酸盐，可改选用硝酸-盐酸混合酸体系。

（3）硝酸-高氯酸消解法。两种酸都是强氧化性酸，联合使用可消解含难氧化有机物的环境样品，如高浓度有机废水、植物样品和污泥样品等。方法要点是：取适量水样或经适当润湿处理好的土壤等样品于锥形瓶中，加 5～10 mL 硝酸，在电热板上加热、消解至大部分有机物被分解。取下锥形瓶，稍冷却，再加 2～5 mL 高氯酸，继续加热至开始冒白烟，如试液呈现深色，再补加硝酸，继续加热至冒浓厚白烟将尽，取下锥形瓶，稍冷却后加 2% HNO_3 溶解可溶盐。若有沉淀，应过滤，滤液冷至室温后定容，待分析测定。

因为高氯酸能与含羟基有机物反应激烈，有发生爆炸的危险，故应先加入硝酸氧化水样中的羟基有机物，稍冷却后再加高氯酸处理。

（4）硝酸-氢氟酸消解法。氢氟酸能与液态或固态样品中的硅酸盐和硅胶态物质发生反应，形成四氟化硅而挥发分离，因此，该混合酸体系应用范围比较专一，选择性比较高。但是要指出的是：氢氟酸能与玻璃材质发生反应，消解时应使用聚四氟乙烯材质的烧杯等容器。

（5）多元消解法。为提高消解效果，在某些情况下（如处理总铬废水时），需要使用三元以上混合酸消解体系。通过多种酸的配合使用，克服单元酸或二元酸消解所起不到的作用，尤其在众多元素均要求测定的复杂介质体系。例如，在地下水或土壤背景值调查时，常常需要进行全元素分析，这时采用 HNO_3-$HClO_4$-HF-HNO_3 体系，消解效果比较理想。

（6）碱分解法。适用于按上述酸消解法会造成某些元素的挥发或损失的环境样品。其方法要点是：在各类环境样品中，加入氢氧化钠和过氧化氢溶液，或者氨水和过氧化氢溶液，加热至缓慢沸腾消解至近干时，稍冷却后加入水或稀碱溶液，温热溶解可溶盐，若有沉淀，应过滤，滤液冷至室温后于 50 mL 容量瓶中定容，待分析测定。

（7）干灰化法。干灰化法又称干式消解法或高温分解法。多用于固态样品如沉积物、底泥等底质以及土壤样品的消解。

操作过程：取适量水样于白瓷或石英蒸发皿中，于水浴上先蒸干，因样品可直接放入坩锅中，然后将蒸发皿或坩埚移入马弗炉内，于 450～550 ℃ 灼烧到残渣呈灰白色，使有机物完全分解去除。取出蒸发皿，稍冷却后，用适量 2% HNO_3（或 HCl）溶解样品灰分，过滤后滤液经定容后，待分析测定。

（8）微波消解法。微波消解法采用微波加热的工作原理，因待测样品和消解酸的混合物为发热体，从样品内部对样品进行激烈搅拌、充分混合和加热，加快了样品的分解速度，缩短了消解时间，提高了消解效率。在微波消解过程中，样品处于密闭容器中，也避免了待测元素的损失和可能造成的污染。

商品化的微波消解装置已经问世，使得该项先进技术的普及化成为可能。但由于环境样品基体的复杂性不同，以及其与传统消解手段的差异，在确定微波消解方案时，应对所选消解试剂、消解功率和消解时间进行条件优化。

3.2.2　样品的分离与富集

在水质分析中，由于水样中的成分复杂，干扰因素多，而待测物的含量大多处于痕量水平，常低于分析方法的检出下限，因此在测定前必须进行水样中待测组分的分离与富集，以排除分析过程中的干扰，提高待测物浓度，满足分析方法检出限的要求。为了选择与评价分离、富集技术，要先明确下面两个概念。

回收因数（R_T）。指样品中目标组分在分离、富集过程中回收的完全程度，即

$$R_T = \frac{Q_T}{Q_T^V} \tag{3-1}$$

式中　Q_T^V、Q_T——分离、富集前和分离、富集后目标组分的量，必要时也可以用回收
　　　　百分率表示。

由于实验操作过程中目标组分会有一定的损失，痕量回收一般小于 100%，而且会随组分浓度的不同有所差异，一般情况下，浓度越低则损失对分析结果的影响越大。在大多数无机痕量分析中，要求回收率至少大于 90%，但如果有足够的重现性，回收率再低一些也可以认可。

富集倍数或与浓缩系数（F），将其定义为欲分离或富集组分的回收率与基体的回收率之比，即

$$F = \frac{Q_I / Q_M}{Q_T^V / Q_M^0} \tag{3-2}$$

式中 Q_T^V、Q_M——富集前、后基体的量；

富集倍数的大小依赖于样品中待测痕量组分的浓度和所采用的测试技术。若采用高效、高选择性的富集技术，高于 10^5 的富集倍数是可以实现的。随着现代仪器技术的发展，仪器检测下限的不断降低，富集倍数提高的压力相对减轻，因此富集倍数为 10^2～10^3 就能满足痕量分析的要求。

当欲分离组分在分离富集过程中没有明显损失时，适当地采用多级分离方法可有效地提高富集倍数。

传统的样品分离与富集方法有过滤、挥发、蒸馏、溶剂萃取、离子交换、吸附、共沉淀、层析和低温浓缩等。比较先进的方法有固相萃取、微波萃取和超临界流体萃取等技术，应根据具体情况选择使用。下面将分别做简要介绍。

1. 挥发和蒸发浓缩法

挥发法是将易挥发组分从液态或固态样品中转移到气相的过程，包括蒸发、蒸馏、升华等多种方式。一般而言，在一定温度和压力下，当待测组分或基体中某一组分的挥发性和蒸汽压足够大，而另一种小到可以忽略时，就可以进行选择性挥发，达到定量分离的目的。

物质的挥发性与其分子结构有关，即与分子中原子间的化学键有关。挥发效果则依赖于样品量大小、挥发温度、挥发时间及痕量组分与基体的相对量。样品量的大小将直接影响挥发时间和完全程度。汞是唯一在常温下具有显著蒸气压的金属元素，冷原子荧光测汞仪就是利用汞的这一特性进行液体样品中汞含量的测定的。

利用外加热源使样品的待测组分或基体加速挥发的过程称为蒸发浓缩。如加热水样，使水分慢慢蒸发，则可以达到大幅度浓缩水样中重金属元素的目的。为了提高浓缩效率、缩短蒸发时间，常常可以借助惰性气体的参与实现欲挥发组分的快速分离。

2. 蒸馏浓缩法

蒸馏是基于气-液平衡原理实现组分分离的，其方法就是利用各组分的沸点及其蒸汽压大小的不同实现分离目的。在水溶液中，不同组分的沸点不尽相同。当加热时，较易挥发的组分富集在蒸汽相，对蒸汽相进行冷凝或吸收时，挥发性组分在馏出液或吸收液中得到富集。

蒸馏主要有常压蒸馏和减压蒸馏两类。常压蒸熘适合于沸点为 40～150 ℃ 的化合物的分离。常用的蒸馏装置见图3-8。测定水样中的挥发酚、氰化物和氨氰等监测项目时，均采用的是常压蒸馏方法。

减压蒸馏组适合于沸点高于150 ℃（常压下），或沸点虽低于此温度但在蒸馏过程中极易分解的化合物的分离。减压蒸馏装置除减压系统外，与常压蒸馏装置基本相同，但所用的减压蒸馏瓶和接收瓶要求必须耐压。整个系统的接口必须严密不漏。克莱森（clais-en）蒸馏头常用于防爆沸和消除泡沫，它通过一根开口毛细管调节气流向蒸馏液内不断充气以击碎泡沫并抑制爆沸。图3-9是减压蒸馏装置的示意图。减压蒸馏方法在分析水中痕量农药、植物生长调节剂等有机物时的分离富集过程中应用十分广泛，也是液-液萃取溶液高倍浓缩的有效手段。

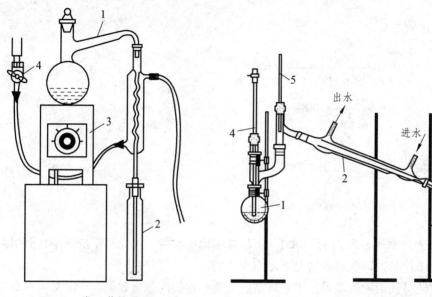

图 3-8　常压蒸馏装置
1—500 mL 全玻璃蒸馏器；2—收集瓶；
3—加热电炉；4—冷凝水调节阀

图 3-9　减压蒸馏装置
1—蒸馏瓶；2—冷凝管；3—收集瓶；
4—克莱森蒸馏头；5—温度计

3. 液-液萃取法

液-液萃取也叫溶剂萃取，是基于物质在不同的溶剂相中分配系数不同，而达到组分的富集与分离。物质在水相-有机相中的分配系数（K_D）可用分配定律表示。

$$K_D = \frac{[M]_有}{[M]_水} \qquad\qquad （3-3）$$

由于待分离的组分往往在两相中（或者在某一相中）存在副反应，例如在水相中可能发生离解、络合作用等，在有机相中可能发生聚合作用等，导致组分在两相中的存在形式有所不同。因此，采用一个新的参数——"分配比"来描述溶质在两相中的分配。分配比的定义为：溶质在有机相中的各种存在形态的总浓度 $c_有$ 与水相中各种形态的总浓度 $c_水$ 之比，用 D 表示。

$$D = \frac{c_有}{c_水} \qquad\qquad （3-4）$$

D 值越大，表示被萃取物质转入有机相的数量越多（当两相体积相等时），萃取就越完全。在萃取分离中，一般要求分配比大于 10。分配比反映萃取体系达到平衡时的实际分配情况，具有较大的实用价值。

被萃取物质在两相中的分配也可以用萃取百分率 E（%）表示，即

$$E = \frac{\text{被萃取物质在有机相中的总量}}{\text{被萃取物质总量}} \times 100\% \quad （3-5）$$

E 与分配比的关系为

$$E = \frac{c_有 \times V_有}{c_有 \times V_有 + c_水 \times V_水} \times 100\%$$

$$= \frac{D}{D + \dfrac{V_水}{V_有}} \times 100\% \quad （3-6）$$

当用等体积萃取时，$V_水 = V_有$，则

$$E = \frac{D}{1+D} \times 100\% \quad （3-7）$$

若要求 E 大于90%，则 D 必须大于9。增加萃取的次数，可提高萃取效率，但增大了萃取操作的工作量，这在很多情况下是不现实的。

当用萃取法分离两种物质时，用分离系数来表示它们的分离效果。其定义为在有机相和水相中的分配比之比，用 β 来表示。

如果在同一体系中有两种溶质 A 和 B，它们的分配比分别为 D_A 和 D_B，分离系数即可用式（3-8）表达：

$$\beta = \frac{D_A}{D_B} = \frac{[A]_有}{[A]_水} \div \frac{[B]_有}{[B]_水} \quad （3-8）$$

β 越大，表示分离得越完全，即萃取的选择性越高。在痕量组分的分离富集中，希望 β 越大越好，同时，D_A 不要太小，因为若太小，意味着需要大量的有机溶剂才能把显著量的该物质萃取到有机相中。

（1）无机物萃取。这类萃取体系是利用金属离子与螯合剂形成疏水性的螯合物后被萃取到有机相，广泛用于金属阳离子的萃取。金属阳离子在水溶液中与水分子配位以水合离子形式存在，如 CaH_2O_4、$Co(H_2O)_4^{2-}$、$Al(H_2O)_4^{3+}$ 等，螯合剂可中和其电荷，并用疏水基团取代与金属阳离子配位的水分子。

（2）离子缔合物萃取。阳离子和阴离子通过较强的静电引力相结合形成的化合物叫离子缔合物。在这类萃取体系中，被萃取物质是一种疏水性的离子缔合物，可用有机溶剂萃取。许多金属阳离子如 $Cu(H_2O)^{2+}$，金属的络阴离子如 $FeCl_4^-$、$GaCl_4^-$，以及某些酸根离子如 ClO_4^- 都能形成可被萃取的离子缔合物。离子的体积越大，电荷越高，越容易形成疏水性的离子缔合物。

（3）有机物的萃取。分散在水相中的有机物易被有机溶剂萃取，利用此原理可以富集分散在水样中的有机污染物。常用的溶剂有三氯甲烷、四氯甲烷和正己烷等。

为了提高萃取效率，常加入适量盐析剂，其作用原理如下。

使被萃取物中某阴离子的浓度增加，产生同离子效应，有利于萃取平衡向发生萃取作用的方向进行。

盐析剂为电解质，且加入的浓度较大，因而使水分子活性减小，降低了被萃取物质与水结合的能力，增加了其进入有机相的趋势，从而提高了萃取效率。

高浓度的电解质使水的介电常数降低，有利于离子缔合物的形成。一般来说，离子的价态越高，半径越大，其盐析作用越强。

液-液萃取有间歇萃取和连续萃取两种方式。

间歇萃取在圆形或梨形分液漏斗中进行，萃取次数视预期效果而定。因为，每次用部分萃取剂进行多次萃取的效果较使用全量萃取剂进行一次萃取的效果更好。但萃取次数过多，不仅增加了工作量，而且必然加大操作误差。

在萃取过程中，循环使用一定量的萃取剂保持其体积基本不变的萃取方法为连续萃取法。这种方法不仅可用于液态样品的萃取，在固态样品的萃取中也得到了广泛应用。常用的连续萃取装置如图 3-10 所示。

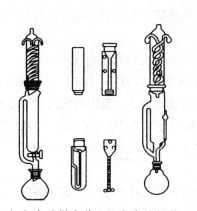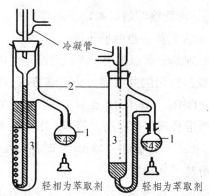

（a）各种样式萃取器和各种插管　　（b）索式萃取器　（c）液-液连续萃取器

图 3-10　连续萃取装置

1—烧瓶；2—储液器；3—萃余液；4—萃取剂

4. 沉淀分离法

沉淀分离法是根据溶度积原理、利用沉淀反应进行分离的方法。在待分离试液中，加入适当的沉淀剂，在一定条件下，使欲测组分沉淀出来，或者待干扰组分析出沉淀，以达到除去干扰的目的。沉淀分离法包括沉淀、共沉淀两种方法。

1）沉淀法

在常量组分的分离中，可采用两种方式。

（1）将待测组分与试样中的其他组分分离，再将沉淀过滤、洗涤、烘干，最后称重，计算其含量，即重量分析法。

（2）将干扰组分以微溶化合物的形式沉淀出来与待测组分分离。

但对于痕量组分，采用前一种方式是不可能的。首先，要达到沉淀的溶度积，需加入大量的沉淀剂，可能引起副反应（如盐效应等），反而使沉淀的溶解度增大，其次含量太小，以致无法处理（过滤、称重等）。因此，在痕量分析中，沉淀法仅可用于常量-痕量组分的分离，即除去对测定痕量组分有干扰的样品主要成分。

沉淀条件选择的原则是：使相当量的主要干扰组分沉淀完全，而后继测定的痕量组分不会因为共沉淀而损失，或共沉淀的损失可忽略不计。

应用实例：在 6 mol/L 的硫酸中沉淀硫酸铅，使主要成分铅与痕量的组分 Ag、Ae、Cd、Cr、Cu 等分离。Karabash 借助于放射性示踪原子证明了这些痕量元素几乎定量（85%～100%）地保留在溶液中，这足以满足痕量分析的要求。

2）共沉淀法

共沉淀系指溶液中一种难溶化合物在形成沉淀过程中，将共存的某些痕量组分一起载带沉淀出来的现象。共沉淀现象是一种分离、富集微量组分的手段。例如，测定水中含量为 1 μg/L 的 Pb 时，由于浓度低，直接测定有困难。此时将 1 000 mL 水样调至微酸性，加入 Hg^{2+}，通入 H_2S 气体，使 Hg^{2+} 与 S^{2+} 生成 HgS 沉淀，同时将 Pb 共沉淀下来，然后用 2 mL 酸将沉淀物溶解后测定。此时，Pb 的浓度提高了 500 倍，测定就容易实现了。其中 HgS 称为载体，也叫捕集剂。

共沉淀的原理基于表面吸附、形成混晶、异电核胶态物质相互作用等。

（1）利用吸附作用的共沉淀分离。该方法常用的无机载体有 $Fe(OH)_3$、$Al(OH)_3$、$Ga(OH)_3$、$MnO(OH)_2$、$Mn(OH)_2$ 及 H_2S 等。由于它们是表面积大、吸附力强的非晶形胶体沉淀，因此吸附和富集效率高。例如，用分光光度法测定水样中的 Cr^{6+} 时，当水样的有色度、浑浊、Fe^{3+} 浓度低于 200 mg/L 时，可在 pH 为 8～9 的条件下，用 $Zn(OH)_2$ 作共沉淀剂吸附分离干扰物质。

（2）利用生成混晶的共沉淀分离。当待分离微量组分及沉淀剂组分生成沉淀时，如具有相似的晶格，就可能生成混晶而共同析出。例如，硫酸铅和硫酸锶的晶形相同，当分离水样中的痕量 Pb^{2+} 时，可加入适量 Sr^{2+} 和过量可溶性硫酸盐，则生成 $PbSO_4\text{-}SrSO_4$ 的混晶，将 Pb^{2+} 共沉淀出来。

（3）利用有机共沉淀剂进行共沉淀分离。有机共沉淀剂的选择性较无机沉淀剂高，得到的沉淀也比较纯净，通过灼烧可除去有机沉淀剂，留下待测元素。例如，痕量 Ni^{2+} 与丁二酮肟生成螯合物，分散在溶液中，若加入丁二肟二烷酯（难溶于水）的乙醇溶液，则析出固体的丁二酮肟二酯，便将丁二肟镍螯合物共沉淀出来。丁二肟二烷酯烷只起载体作用，称为惰性共沉淀剂。

5. 吸附分离法

吸附是利用多孔性的固体吸附剂将水中的一种或多种组分吸附于表面，以达到组分分离的目的。被吸附富集于吸附剂表面的组分可用有机溶剂或加热等方式解析出来，供分析测定。常用的吸附剂主要有活性炭、硅胶、氧化铝、分子筛和大孔树脂等。吸附剂以往多用于饮用水的净化处理工艺中。近 20a 来，正是由于选择性吸附剂的不断推出，吸附剂在水中痕量有机物的高效富集、样品制备等方面的应用日益广泛，因此逐渐形成了一门专门的萃取技术，即固相萃取技术（SPE）。

　　一般而言，应根据水中待测组分的性质选择合适的吸附剂。水溶性或极性化合物通常选用极性的吸附剂，而非极性的组分则选择非极性的吸附剂更为合适，对于可电离的酸性或碱性化合物则适于选择离子交换型吸附剂。例如欲富集水中的杀虫剂或药物，通常均选择键合硅胶 C_{18} 吸附剂，杀虫剂或药物被稳定地吸附于键合硅胶表面，当用小体积甲醇或乙氰等有机溶剂解吸后，目标物被高倍富集。

　　吸附剂的用量与目标物性质（极性、挥发性）及其在水样中的浓度直接相关。通常，增加吸附剂用量可以增加对目标物的吸附容量，可通过绘制吸附曲线确定吸附剂的合适用量。

思　考　题

1. 简述水样保存、运输过程中的注意事项。
2. 简述地表水采样及保存的方法和要求。
3. 简述地表水和地下水水样采集方法的区别。
4. 简述水样消解的作用和方法。
5. 简述水样预处理的目的和主要方法。
6. 对于工业废水排放源，应怎样布设采样点和确定水样类型？

项目 4　主要水质监测项目的分析及实验测定

【学习目标】

本项目共 6 个学习情境，32 个学习任务，根据水环境监测项目的性质分成 6 大类，分别介绍了主要水环境监测项目的分析方法、步骤、原理和性质等。本项目的学习要达到以下目的：

（1）理解标准曲线的概念和意义，会绘制标准曲线；

（2）掌握主要水质物理指标的测定方法及相关仪器的操作；

（3）掌握水中有毒有害重金属的测定方法和步骤；

（4）掌握水中 pH、溶解氧、硫化物、含氮化合物等非金属无机化合物的测定；

（5）理解 BOD_5、COD、TOC、TOD 等指标的含义，掌握其测定方法；

（6）掌握总大肠菌群等生物学指标和底质样品的污染物的测定。

4.1　物理性质指标的分析测定

水的物理性质指标主要包括水温、色度、残渣、浊度、电导率等。

4.1.1　水温的测定

水温是主要的水质物理指标。水温与水的物理、化学性质密切相关。其对密度、黏度、蒸汽压、水中溶解性气体（如氧、二氧化碳等）的溶解度等有直接的影响，同时，水温对水的 pH、盐度等化学性质，以及水生生物和微生物活动、化学和生物化学反应速度也存在着明显影响。

水温对水中气体溶解度的影响，以氧为例，随着水温的升高，氧在水中的溶解度逐渐降低。在 1 atm（1.01×10^5 Pa）的大气压下，氧在淡水中的溶解度在 10 ℃ 时为 11.33 mg/L，20 ℃ 时为 9.17 mg/L，30 ℃ 时为 7.63 mg/L。

水温对水中进行的化学和生物化学反应的速度有显著影响。一般情况下，化学和生化反应的速度随温度的升高而加快。通常温度每升高 10 ℃，反应速率约增加 1 倍。

水温影响水中生物和微生物的活动。温度的变化能引起水生生物品种的变化，水温偏高时可加速一些藻类和污水细菌的繁殖，影响水体的景观。

水的温度因水源不同而有很大差异。通常，地下水温度比较稳定，一般为 8～12 ℃。

地表水的温度随季节和气候而变化，大致变化范围为 0～30 ℃。生活污水水温通常为 10～15 ℃。工业废水的水温因工业类型、生产工艺的不同而差别较大。

水温为现场观测项目之一。若水层较浅，可只测表层水温，深水（如大的江河、湖泊及海水等）应分层测温。

常用的测量水温的方法有水温度计法、深水温度计法、颠倒温度计法和热敏电阻温度计法。

1. 水温度计法

水温度计是安装于金属半圆槽壳内的水银温度表，下端连接一个金属储水杯，温度表水银球部悬于杯中，其顶端的壳带一圆环，拴一定长度的绳子。水温度计通常测量范围为 – 6～41 ℃，分度值为 0.2 ℃。

测量时将水温度计沉入水中至待测深度，放置 5 min 后，迅速提出水面并立即读数。从水温度计离开水面至读数完毕应不超过 20 s，读数完毕后，将储水杯内的水倒净。必要时，应重新测定。

水温度计法适用于测量水的表层温度。

2. 深水温度计法

深水温度计的结构与水温度计相似。储水杯较大，并有上、下活门，利用其放入水中和提升时的自动开启和关闭，使杯内装满所测温度的水样。深水温度计的测量范围为 – 2～40 ℃，分度值为 0.2 ℃。

测量时，将深水温度计投入水中，采用与水温度计法相同的测定步骤进行测定。深水温度计法适用于水深 40 m 以内的水温测量。

3. 颠倒温度计法

颠倒温度计由主温表和辅温表组装在厚壁玻璃套管内构成，主温表是双端式水银温度计，其测量范围为 – 2～35 ℃，分度值为 0.10 ℃。辅温表是普通的水银温度计，测量范围一般为 – 20～50 ℃，分度值为 0.5 ℃。前者用于测量水温，后者与前者配合使用，用于校正因环境温度改变而引起的主温表读数的变化。

测量时，随采水器沉放入一定深度的水层，放置 7 min，提出水面后立即读数，并根据主、辅温度表的读数，用海洋常数表进行校正。

颠倒温度计法适用于测量水深 40 m 以内的各层水温。

以上各种水温计应定期由计量检定部门进行校核。

4. 热敏电阻温度计法

测量水温时，启动仪器，按使用说明书进行操作。将仪器探头放入预定深度的水中，放置感温 1 min 后，读取水温数。读完后取出探头，用棉花擦干备用。

热敏电阻温度计法适用于表层和深层水温的测定。

4.1.2 色度的测定

纯水为无色透明，清洁水在水层浅时应为无色，在深层时为浅蓝绿色。天然水中存在腐殖质、泥土、浮游生物、铁和锰等金属离子，均可使水体着色。生活污水和工业废水（如纺织、印染、造纸、食品、有机合成工业废水）中，常含有大量的染料、生物色素和有色悬浮颗粒等，这些有色废水常给人以不愉快感，排入环境中使水体着色，减弱水体透光性，影响水生生物的生长。水的颜色与水的种类有关。

颜色是反映水体的外观指标。水的颜色分为"真色"和"表色"。真色是指去除悬浮物后水的颜色，是由水中胶体物质和溶解性物质所造成的。表色是指没有去除悬浮物的水所具有的颜色。对于清洁水和浊度很低的水，真色和表色相接近；对于着色很深的工业废水，两者差别较大。

测定真色时，要先将水样静置澄清或离心分离取上层清液，也可用孔径为 0.45 μm 的滤膜过滤去除悬浮物，但不可以用滤纸过滤，因滤纸能吸收部分颜色。有些水样含有颗粒太细的有机物或无机物质，不能用离心分离，只能测定表色，这时需要在结果报告上注明。

色度是衡量颜色深浅的指标。水的色度一般指水的真色。常用的测定方法是稀释倍数法和铂钴标准比色法。

1. 稀释倍数法

稀释倍数法是指将水样用蒸馏水稀释至接近无色时的稀释倍数表示颜色的深浅。测定时，首先用文字描述水样颜色的性质，如微绿、绿、微黄、浅黄、棕黄、红等文字。将水样在比色管中稀释不同倍数，与蒸馏水相比较，直到刚好看不出颜色，记录此时的稀释倍数。稀释倍数法适用于受工业废水污染的地面水、工业废水和生活污水。

2. 铂钴标准比色法

铂钴标准比色法是利用氯铂酸钾（K_2PtCl_6）和氯化钴（$CoCl_2 \cdot 6H_2O$）配成标准色列，与水样进行目视比色。

每升水中含有 1 mg 铂和 0.5 mg 钴时所具有的颜色，称为 1 度，作为标准色度单位。该法所配成的标准色列，性质稳定，可存放较长时间。由于氯铂酸钾价格较贵，可以用铬钴比色法代替。即将一定量重铬酸钾和硫酸钴溶于水中制成标准色列，进行目视比色确定水样色度。该法所制成标准色列保存时间比较短。

铂钴标准比色法适用于较清洁的、带有黄色色调的天然水和饮用水的测定。

3. 分光光度法

采用分光光度法求出水样的三激励值：水样的色调（红、绿、黄等），以主波长表示；亮度，以明度表示；饱和度（柔和、浅淡等），以纯度表示。用主波长、色调、明度和纯度四个参数来表示该水样的颜色。近年来某些行业采用分光光度法检验排水水质。

分光光度法适用于各种水样颜色的测定。

4.1.3 残渣的测定

4.1.3.1 残渣的测定

水中固体物质根据其溶解性不同可分为溶解性固体物质和不溶解性固体物质。前者如可溶性无机盐和有机物等，后者如悬浮物等。残渣是用来表征水中固体物质的重要指标之一。残渣的测定，有着重要的环境意义。若环境水体中的悬浮物含量过高，则不仅影响景观，还会造成淤积，同时也是水体受到污染的一个标志。溶解性固体含量过高同样不利于水的功能的发挥。如溶解性矿物质过高，既不适于饮用，也不适于灌溉，有些工业用水（如纺织、印染等）也不能使用含盐量高的水。

残渣分为总残渣、总可滤残渣和总不可滤残渣三种，反映水中溶解性物质和不溶解性物质含量的指标。

1. 总残渣

总残渣是水或废水在一定温度下蒸发、烘干后剩留在器皿中的物质，包括总不可滤残渣和总可滤残渣。测定时取适量（如 50 mL）振荡均匀的水样（使残渣量大于 25 mg），置于称至恒重的蒸发皿中，在蒸汽浴或水浴上蒸干，移入 103～105 ℃ 烘箱内烘至恒重（两次称重相差不超过 0.000 5 g）。蒸发皿所增加的质量即总残渣。

计算公式：

$$总残渣（mg/L）=V（A-B）\times 1\ 000 \times 1\ 000 \tag{4-1}$$

式中　A——总残渣和蒸发皿质量；

　　　B——蒸发皿的质量；

　　　V——取水样体积。

2. 总可滤残渣

总可滤残渣指将过滤后的水样放在称至恒重的蒸发皿内蒸干，再在一定温度下烘至恒重，蒸发皿所增加的质量。测定时将用 0.45 μm 滤膜或中速定量滤纸过滤后的水样放在称至恒重的蒸发皿中，在蒸汽浴或水浴上蒸干，移入 103～105 ℃ 烘箱内烘至恒重（两次称重相差不超过 0.000 5 g）。蒸发皿所增加的质量即总可滤残渣。一般测定温度为 103～105 ℃，有时要求测定（180±2）℃ 烘干的总可滤残渣。在（180±2）℃ 烘干所得的结果与化学分析结果所计算的总矿物质含量较接近。

3. 总不可滤残渣（SS）

总不可滤残渣，即悬浮物（简称 SS），指水样经过滤后留在过滤器上的固体物质，于 103～105 ℃ 烘干至恒重得到的物质质量。它是决定工业废水和生活污水能否直接排放或须处理到何种程度才能排入水体的重要指标之一，主要包括不溶于水的泥沙、各种污染物、微生物及难溶无机物等。常用的滤器有滤纸、滤膜和石棉坩埚。由于滤孔大小对测定结果有很大影响，报告结果时，应注明测定方法。石棉坩埚法常用于测定含酸或碱浓度较高的水样的悬浮物。

计算公式：

$$总不可滤残渣（mg/L）=（A-B）\times 1\,000\times 1\,000/V \qquad （4-2）$$

式中　A——总不可滤残渣和滤器质量；

　　　B——滤器的质量；

　　　V——取水样体积。

4.1.3.2　悬浮物（SS）的测定实验

1. 实验内容和目的

（1）掌握水中悬浮物的测定方法。

（2）能够使用烘箱、滤膜、分析天平。

2. 原理

废水悬浮物系指剩留在滤料上并于 103～105 ℃下烘至恒重的固体。测定的方法是将水样通过滤料后，烘干固体残留物及滤料，将所称质量减去滤料质量，即悬浮物质量（总不可滤残渣）。

3. 仪器

（1）烘箱。

（2）分析天平。

（3）干燥器。

（4）孔径为 0.45 pm 的滤膜及相应的滤器或中速定量滤纸。

（5）玻璃漏斗。

（6）内径为 30～50 mm 的称量瓶。

4. 测定步骤

（1）将滤膜放在称量瓶中，打开瓶盖，在 103～105 ℃烘干 2 h，取出冷却后盖好瓶盖，称重，直至恒重（两次取值之差不超过 0.000 55 g）。

（2）去除飘浮物后振荡水样，量取均匀水样（使悬浮物大于 2.5 mg），通过（1）中称至恒重的滤膜过滤；用蒸馏水洗去残渣 3～5 次。如样品中含油脂，用 10 mL 石油醚分两次淋洗残渣。

（3）小心取下滤膜，放入原称量瓶内，在 103～105 ℃烘箱中，打开瓶盖烘 2 h，冷却后盖好盖称重，直至恒重为止。

5. 计算

$$悬浮物（mg/L）=（A-B）\times 1\,000\times 1\,000/V \qquad （4-3）$$

式中　　A——悬浮物与滤膜及称量瓶重；
　　　　B——滤膜及称量瓶重；
　　　　V——水样体积。

6. 注意事项

（1）树叶、木棒、水草等杂质应先从水中除去。

（2）废水黏度高时，可加 2～4 倍蒸馏水稀释，振荡均匀，待沉淀物下降后再过滤。

（3）也可采用石棉坩埚进行过滤。

4.1.4　浊度的测定

浊度是指水中悬浮物对光线透过时所发生的阻碍程度。由于水中含有泥土、粉沙、有机物、无机物、浮游生物和其他微生物等悬浮物质和胶体物质，对进入水中的光产生散射或吸附，从而表现出浑浊现象。

色度是由于水中的溶解物质引起的，而浊度则是由不溶解物质引起的。浊度是水的感官指标之一，也是水体可能受到污染的标志之一。水体浊度高会影响水生生物的生存。

一般情况下，浊度的测定主要用于天然水、饮用水和部分工业用水。在污水处理中，经常通过测定浊度选择最经济有效的混凝剂，并达到随时调整所投加化学药剂的量，获得好的出水水质的目的。

测定浊度的方法主要有目视比浊法、分光光度法和浊度计法。

1. 目视比浊法

将水样与用硅藻土（或白陶土）配制的标准浊度溶液进行比较，以确定水样的浊度。规定用 1 L 蒸馏水中含有 1 mg 一定粒度的硅藻土所产生的浊度称为 1 度。

测定时使用硅藻土（或白陶土），经过处理后，配成浊度标准原液。将浊度标准原液逐级稀释为一系列浊度标准液，取待测水样进行目视比浊，与水样产生视觉效果相近的标准溶液的浊度即水样的浊度。该法测得的水样浊度单位为 JTU。

目视比浊法适用于饮用水和水源水等低浊度水，最低检测浊度为 1 度。

2. 分光光度法

在适当温度下，一定量的硫酸肼[$(NH_4)_2SO_4 \cdot H_2SO_4$]与六次甲基四胺[$(CH_2)_6N_4$]聚合，生成白色高分子聚合物，以此作为参比浊度标准液，在一定条件下与水样浊度比较。规定 1 L 溶液中含有 0.1 mg 硫酸肼和 1 mg 六次甲基四胺为 1 度。

测定时将用硫酸肼和六次甲基四胺配成的浊度标准储备液逐级稀释成系列浊度标准液，在波长 680 nm 处测定吸光度，绘制吸光度-浊度标准曲线，再测定水样的吸光度，在曲线上查得水样的浊度。水样若经过稀释，需乘上稀释倍数方为原水样的浊度。

计算公式：

$$浊度 = \frac{A(V + V_0)}{V} \tag{4-4}$$

式中　A——经稀释水样的浊度；

　　　V——水样体积；

　　　V_0——无浊度水的体积。

分光光度法适用于测定天然水、饮用水和高浊度水，最低检测浊度 3 度。所测得浊度单位为 NTU。

3. 浊度计法

浊度计是利用光的散射原理制成的。在一定条件下，将水样的散射光强度与相同条件下的标准参比悬浮液（硫酸肼与六次甲基四胺聚合，生成的白色高分子聚合物）的散射光强度相比较，即得水样的浊度。浊度仪要定期用标准浊度溶液进行校正。用浊度仪法测得的浊度单位为 NTU。

目前普遍使用的测量浊度的仪器为散射浊度仪。它可以实现水的浊度的在线监测。

4.1.5　电导率的测定

电导率用来表示水溶液传导电流的能力，以数字表示。电导率的大小取决于溶液中所含离子的种类、总浓度及溶液的温度、黏度等因素。

不同类型的水有不同的电导率。常用电导率间接推测水中离子成分的总浓度（因水溶液中绝大部分无机化合物都有良好的导电性，而有机化合物分子难以离解，基本不具备导电性）。

新鲜蒸馏水的电导率为 0.5～2 mS/cm，但放置一段时间后，因吸收了二氧化碳，增加到 2～4 mS/cm；超纯水的电导率小于 0.1 mS/cm；天然水的电导率多为 50～500 mS/cm；矿化水可达 500～1 000 mS/cm；含酸、碱、盐的工业废水的电导率往往超过 10 000 μS/cm；海水的电导率约为 30 000 μS/cm。

电导率随温度的变化而变化，温度每升高 1 °C，电导率增加约 2%，通常规定 25 °C 为测定电导率的标准温度。如温度不是 25 °C，则必须进行温度校正。

经验公式为

$$K_t = K_s[1 + \alpha(1 - 25)] \tag{4-5}$$

式中　K_t——25 °C 时的电导率；

　　　K_s——温度为 t 时的电导率；

　　　α——各种离子电导率的平均温度系数，定为 0.022。

电导的计算式为

$$G = k/C \tag{4-6}$$

式中　　k——电导率，是电阻率的倒数；

　　　　C——电导池常数。

一般采用电导率仪来测定水的电导率。它的基本原理是：已知标准 KCl 溶液的电导率（见表 4-1），用电导率仪测某一浓度 KCl 溶液的电导值，根据电导的计算公式求得电导池常数 C。用电导率仪测待测水样的电导，即可求得水样的电导率。

表 4-1　不同浓度 KCl 溶液的电导率

浓度（mol/L）	0.000 1	0.000 5	0.001 2	0.005	0.01	0.02	0.05	0.1	0.2	0.5	1
电导率（μS/cm）	14.9	73.9	146.9	717.5	1 412	2 765	6 667	12 890	24 800	58 670	111 900

4.2　金属化合物的测定

水体中含有大量无机金属化合物，一般以金属离子的形式存在。这些金属元素有些是人体健康所必需的常量和微量元素，如常量的钠、钾、钙、镁，微量的铁、锰、硒、锡、钴等。有些是对人体健康有害的，如铅、镉、汞、钡、砷、镍等。尤其当水体中金属离子浓度超过一定数值时，其毒害作用更大，其毒性的大小与金属种类、理化性质、浓度及存在的价态和形态有关。金属元素还可经食物链和生物放大作用迅速富集，使毒性剧增。即使是有益的金属元素，其浓度若超过一定数值，也有剧烈的毒性。因此测定金属元素是水质监测项目的重要内容。

根据金属离子在水中存在的状态，可分为可过滤金属和不可过滤金属。由于以不同形态存在的金属离子其毒性大小不同，因此需要分别测定可过滤金属、不可过滤金属和金属总量。可过滤金属又称"溶解的金属"，指能通过孔径 0.45 μm 滤膜的金属。不可过滤（悬浮态）金属指不能通过孔径 0.45 μm 滤膜的金属。金属总量指未过滤的水样经消解处理后测得的金属含量，是可过滤金属和不可过滤金属之和。

金属化合物的监测重点是毒性较大的汞、镉、铬、铅、铜、锌等金属离子。常用的监测方法有：分光光度法、原子吸收光谱法、极谱法和滴定法等。

4.2.1　汞的测定

汞及其化合物属于剧毒物质，特别是有机汞化合物，由食物链进入人体，通过生物富集，作用于人体，如发生在日本的水俣病。天然水含汞极少，一般不超过 0.1 mg/L。我国生活饮用水标准限值为 0.001 mg/L，工业污水中汞的最高允许排放浓度为 0.05 mg/L。氯碱工业、仪表制造、油漆、电池生产、军工等行业排放的废液、废渣都是水和土壤汞污染的来源。

汞的测定方法有很多种，主要介绍冷原子吸收法、冷原子荧光法和双硫腙分光光度法。

089

1. 冷原子吸收法

冷原子吸收法的原理是汞原子蒸汽对波长 253.7 nm 的紫外光具有选择性吸收作用，在一定范围内，吸收值与汞蒸气的浓度成正比。在硫酸-硝酸介质和加热条件下，用高锰酸钾将试样消解，或用溴酸钾和溴化钾混合试剂，在 20 ℃ 以上室温和 0.6 mol/L 的酸性介质中产生溴，将试样消解，使所含汞全部转化为二价汞。用盐酸羟胺将过剩的氧化剂还原，再用氯化亚锡将二价汞还原成金属汞。在室温下通入空气或氮气流，将金属汞汽化，载入冷原子吸收测汞仪，测量吸收值，求得试样中汞的含量。

测定时，用氯化汞配制一系列汞标准溶液，测吸光度作标准曲线进行定量，水样经预处理后按标准溶液的方法测吸光度，从而求出水样中汞的浓度。

冷原子吸收测汞仪主要由光源、吸收管、试样系统、光电检测系统、指示系统等主要部件组成。冷原子吸收法的最低检出浓度为 0.1~0.5 μg/L 汞；在最佳条件下（测汞仪灵敏度高，基线噪声小及空白试验值稳定），当试样体积为 200 mL 时，最低检出浓度可达 0.05 μg/L 汞。此法适用于地面水、地下水、饮用水、生活污水及工业废水的监测。

2. 冷原子荧光法

冷原子荧光法是在原子吸收法的基础上发展起来的，是一种发射光谱法。水样中的汞离子被还原为单质汞，形成汞蒸气，其基态汞原子被波长为 253.7 nm 的紫外光激发而产生共振荧光，在一定的测量条件和较低的浓度范围内，荧光强度与汞浓度成正比。根据测定荧光强度的大小，即可测出水样中汞的含量。这是冷原子荧光法的基础。检测荧光强度的检测器要放置在和汞灯发射光束成直角的位置上。

测定方法同冷原子吸收法。

冷原子荧光法的最低检出浓度为 0.05 μg/L 汞，测定上限可达 1 μg/L 以上，且干扰因素少，适用于地面水、生活污水和工业废水的测定。

3. 双硫腙分光光度法

双硫腙分光光度法测汞的原理是水样于 95 ℃ 温度条件下，在酸性介质中用高锰酸钾和过硫酸钾消解，将无机汞和有机汞转化为二价汞。用盐酸羟胺将过剩的氧化剂还原，在酸性条件下，汞离子与双硫腙生成橙色螯合物，用有机溶剂萃取，再用碱液洗去过剩的双硫腙，于 485 nm 波长处测定吸光度，以标准曲线法定量，从而测得水样中汞的含量。

双硫腙分光光度法适用于受污染的地面水、生活污水和工业废水的测定。取 250 mL 水样，汞的最低检出浓度为 2 μg/L，测定上限可达 40 μg/L。

4.2.2 镉的测定

镉不是人体必需的元素。镉的毒性非常大，可在人体的肝、肾、骨骼等部位蓄积，对人体健康造成影响，甚至危及生命，如世界著名的疼痛病事件。水中含镉 0.1 mg/L 时，可轻度抑制地面水的自净作用。镉对鲢鱼的安全浓度为 0.014 mg/L。用含镉 0.04 mg/L 的水进行农田灌溉时，土壤和稻米会受到明显污染；农田灌溉水中含镉 0.007 mg/L 时，即可造成污染。绝大多数淡水的含镉量低于 1 μg/L，海水中镉的平均浓度为 0.15 μg/L。镉的主要污染源有电镀、采矿、冶炼、染料、电池和化学工业等排放的废水。

测定镉的方法有电感耦合等离子发射光谱法（ICP-AES）、原子吸收分光光度法、双硫腙分光光度法、阳极溶出伏安法和示波极谱法等。

1. 电感耦合等离子发射光谱法（ICP-AES）

电感耦合等离子发射光谱法（ Inductively Coupled Plasma-Atomic Emission Spectrometry，简称 ICP-AES），是以电感耦合等离子矩为激发光源的一类光谱分析方法。由于具有检出限低、准确度及精密度高、分析速度快、线性范围宽等优点，目前已发展成为一种极为普遍、适用范围广的常规分析方法。可用于测定镉、砷、钡、铍、钙、钴、铬、铜、铁、钾、镁、锰、钠、镍、铅、锶、钛、钒、锌、铝等数十种金属元素。

该方法的测定原理：等离子体发射光谱法可以同时测定样品中多元素的含量。当氩气通过等离子体火炬时，经射频发生器所产生的的交变电磁场使其电离加速并与其他氩原子碰撞。这种连锁反应使更多的氩原子电离形成原子、离子、电子的粒子混合气体，即等离子体。等离子体火炬可达 6 000 ~ 8 000 K 的高温。过滤或消解处理过的样品经进样器中的雾化器被雾化并由氩载气带入等离子体火炬中，汽化的样品分子在等离子体火炬的高温下被原子化、电离、激发。不同元素的原子在激发或电离时可发射出特征光谱，所以等离子体发射光谱可用来定性测定样品中存在的元素。特征光谱的强弱与样品中原子浓度有关，与标准溶液进行比较，即可定量测定样品中各元素的含量。

2. 原子吸收分光光度法

原子吸收分光光度法也称原子吸收光谱法，简称原子吸收法。它是根据某元素的基态原子对该元素的特征谱线的选择性吸收来进行测定的分析方法。

对镉的测定有 4 种方式：直接吸入火焰原子吸收分光光度法、萃取火焰原子吸收分光光度法、离子交换火焰原子吸收分光光度法和石墨炉原子吸收分光光度法。

（1）直接吸入火焰原子吸收分光光度法是指将样品或消解处理好的试样直接吸入火焰，火焰中形成的原子蒸气对光源发射的特征电磁辐射产生吸收。将测得的样品吸光度和标准溶液的吸光度进行比较，确定样品中镉元素的含量。此法测定快速、干扰少，适用于测定地下水、地面水和受污染的水，适用浓度范围为 0.05～1 mg/L。

（2）萃取火焰原子吸收分光光度法是指将镉离子与吡咯烷二硫代氨基甲酸铵或碘化钾络合后，萃入甲基异丁基甲酮，然后吸入火焰进行原子吸收分光光度法测定。此法适用于地下水和清洁地表水。适用浓度范围为 1～50 μg/L。

（3）离子交换火焰原子吸收分光光度法是指用强酸型阳离子树脂对水样中镉离子进行吸附，用酸作为洗脱液，从而得到金属离子浓缩液，然后吸入火焰进行原子吸收分光光度法测定。此法适用于较清洁地表水的监测。该方法的最低检出浓度为 0.1 μg/L，测定上限为 9.8 μg/L。

（4）石墨炉原子吸收分光光度法。它是将水样注入石墨管，用电加热方式使石墨炉升温，样品蒸发离解形成原子蒸气，对来自光源的特征电磁辐射进行吸收。将测得的样品吸光度和标准吸光度进行比较，确定水样中镉离子的含量。此法适用于地下水和清洁地表水，适用浓度范围为 0.1～2 mg/L。

3. 双硫腙分光光度法

双硫腙分光光度法测镉的原理：在强碱性溶液中，镉离子与双硫腙生成红色络合物，用三氯甲烷萃取分离后，于 518 nm 波长处进行分光光度测定，求出水样中镉的含量。当使用光程为 20 mm 的比色皿，试样体积为 100 mL 时，镉的最低检出浓度为 0.001 mg/L，测定上限为 0.06 mg/L。适用于测定受镉污染的天然水和废水中的镉。

4.2.3　铬的测定

4.2.3.1　铬的测定方法

铬是生物体必需的微量元素之一。铬的毒性与其价态关系密切。水中铬主要有三价和六价两种价态。三价铬能参与人体正常的糖代谢过程，六价铬却比三价铬的毒性高 100 倍左右，并且易被人体吸收而在体内蓄积，高浓度的铬会引起头痛、恶心、呕吐、腹泻、血便等症状，还有致癌作用。当水中三价铬浓度为 1 mg/L 时，水的浊度明显增加。当水中六价铬浓度为 1 mg/L 时，水呈淡黄色且有涩味。水中的三价铬和六价铬在一定条件下可以相互转化。天然水不含铬，海水中铬的平均浓度为 0.05 μg/L，饮用水中更低。铬的污染源主要是含铬矿石的加工、皮革鞣制、电镀、印染等行业排放的废水。

铬的测定方法有电感耦合等离子发射光谱法（ICP-AES，原理同镉）、原子吸收分光光度法、二苯碳酰二肼分光光度法、硫酸亚铁铵滴定法、极谱法、气相色谱法和化学发光法等。下面主要介绍二苯碳酰二肼分光光度法、硫酸亚铁铵滴定法。

1. 二苯碳酰二肼分光光度法

1）测定六价铬

二苯碳酰二肼分光光度法测定六价铬原理：在酸性介质中，六价铬与二苯碳酰二肼（DPC）反应，生成紫红色络合物，于 540 nm 处测定吸光度，用标准曲线法定量，得水样中六价铬的含量。

当使用光程为 30 mm 的比色皿，试样体积为 50 mL 时，锌的最低检出浓度为 0.004 mg/L，使用光程为 10 mm 的比色皿，测定上限为 1 mg/L。其适用于地表水和工业废水中六价铬的测定。

2）测定总铬

高锰酸钾氧化-二苯碳酰二肼分光光度法测定总铬原理：由于三价铬不与二苯碳酰二

肼反应，因此先用高锰酸钾将水样中的三价铬氧化，再用分光光度法测定总铬含量。

（1）酸性高锰酸钾氧化。在酸性溶液中，用高锰酸钾将水样中的三价铬氧化成六价铬，过量的高锰酸钾用亚硝酸钠分解，过剩的亚硝酸钠用尿素分解，得到的清液用二苯碳酰二肼显色，于 540 nm 处测定吸光度，用标准曲线法定量，得水样中总铬的含量。

（2）碱性高锰酸钾氧化。在碱性溶液中，用高锰酸钾将水样中的三价铬氧化成六价铬，过量的高锰酸钾用乙醇分解，加氧化镁使二价锰沉淀，过滤后，在一定酸度下，加二苯碳酰二肼显色，于 540 nm 处测定吸光度，用标准曲线法定量，得水样中总铬的含量。

2. 硫酸亚铁铵滴定法

硫酸亚铁铵滴定法测定总铬原理：在酸性介质中，以银盐作为催化剂，将三价铬用过硫酸铵氧化成六价铬，加少量氯化钠并煮沸，除去过量的过硫酸铵和反应中产生的氯气，以苯基代替邻氨基苯甲酸作为指示剂，用硫酸亚铁铵标准溶液滴定，至溶液呈亮绿色。根据硫酸亚铁铵标准溶液的浓度和滴定空白的用量，计算出水样中总铬的含量。

4.2.3.2 铬的测定实验——二苯碳酰二肼分光光度法

1. 实验内容及目的

（1）掌握水中铬的测定方法。

（2）了解水样预处理的方法。

2. 测定原理

在酸性溶液中，六价铬离子与二苯碳酰二肼反应，生成紫红色化合物，其最大吸收波长为 540 nm，吸光度与浓度的关系符合比尔定律。如果测定总铬，需先用高锰酸钾将水样中的三价铬氧化为六价，再用本法测定。

3. 仪器与试剂

实验所用仪器如下。

（1）分光光度计，比色皿（1 cm、3 cm）。

（2）50 mL 具塞比色管，移液管，容量瓶等。

实验所用试剂如下。

（1）丙酮。

（2）（1＋1）硫酸。

（3）（1＋1）磷酸。

（4）0.2%（m/V）氢氧化钠溶液。

（5）氢氧化锌共沉淀剂：称取硫酸锌（$ZnSO_4 \cdot 7H_2O$）8 g，溶于 100 mL 水中；称取 NaOH 2.4 g，溶于 120 mL 水中。将以上两溶液混合。

（6）4%高锰酸钾溶液。

（7）铬标准储备液：称取于 120 ℃下干燥 2 h 的重铬酸钾（优级纯）0.282 9 g，用水溶解，移入 1 000 mL 容量瓶中，用水稀释至标线，摇匀。每毫升储备液含 0.100 μg 六价铬。

（8）铬标准使用液：吸取 5.00 mL 铬标准储备液于 500 mL 容量瓶中，用水稀释至标线，摇匀。每毫升标准使用液含 1.00 μg 六价铬。使用当天配制。

（9）20%尿素溶液。2%亚硝酸钠溶液。

（10）二苯碳酰二肼溶液：称取二苯碳酰二肼（简称 DPC）0.2 g，溶于 50 mL 丙酮中，加水稀释至 100 mL，摇匀，储于棕色瓶内，置于冰箱中保存。颜色变深后不能再用。

4. 测定步骤

1）水样预处理

（1）对不含悬浮物、低色度的清洁地面水，可直接进行测定。

（2）如果水样有色但不深，可进行色度校正。即另取一份试样，加入除显色剂以外的各种试剂，以 2 mL 丙酮代替显色剂，用此溶液为测定试样溶液吸光度的参比溶液。

（3）对浑浊、色度较深的水样，应加入氢氧化锌共沉淀剂并进行过滤处理。

（4）水样中存在次氯酸盐等氧化性物质时，干扰测定，可加入尿素和亚硝酸钠消除。

（5）水样中存在低价铁、亚硫酸盐、硫化物等还原性物质时，可将 Cr^{6+} 还原为 Cr^{3+}。此时，调节水样 pH 至 8，加入显色剂溶液，放置 5 min 后再酸化显色，并以同样的方法作标准曲线。

2）标准曲线的绘制

取 9 支 50 mL 比色管，依次加入 0 mL、0.20 mL、0.50 mL、1.00 mL、2.00 mL、4.00 mL、6.00 mL、8.00 mL 和 10.00 mL 铬标准使用液，用水稀释至标线，加入（1+1）硫酸 0.5 mL 和（1+1）磷酸 0.5 mL，摇匀。加入 2 mL 显色剂溶液，摇匀。5～10 min 后，于 540 nm 波长处，用 1 cm 或 3 cm 比色皿，以水为参比，测定吸光度并作空白校正。以吸光度为纵坐标、相应六价铬含量为横坐标绘出标准曲线。

3）水样的测定

取适量（含 Cr^{6+} 少于 50 μg）无色透明或经预处理的水样于 50 mL 比色管中，用水稀释至标线，测定方法同标准溶液。进行空白校正后根据所测吸光度从标准曲线上查得 Cr^{6+} 含量。

5. 计 算

$$Cr^{6+}(mg/L) = m/V \qquad (4\text{-}7)$$

式中 m ——从标准曲线上查得的 Cr^{6+} 量；

V ——水样的体积。

6. 注意事项

（1）用于测定铬的玻璃器皿不应用重铬酸钾洗液洗涤。

（2）Cr^{6+} 与显色剂的显色反应一般控制酸度在 0.05～0.3 mol/L（1/2H_2SO_4）范围，以 0.2 mol/L 时显色最好。显色前，水样应调至中性。显色温度和放置时间对显色有影响，在 15 ℃ 时，5～15 min 颜色即可稳定。

（3）如测定清洁地面水样，显色剂可按以下方法配制：溶解 0.2 g 二苯碳酰二肼于 100 mL 95%的乙醇中，边搅拌边加入（1＋9）硫酸 400 mL。该溶液在冰箱中可存放一个月。用此显色剂，在显色时直接加入 2.5 mL 即可，不必再加酸。但加入显色剂后，要立即摇匀，以免 Cr^{6+} 被乙酸还原。

7. 考核要求

（1）标准溶液的配置。

（2）分光光度计的使用。

（3）样品的预处理。

4.2.4　砷的测定

砷是人体非必需元素。元素砷的毒性很小，而砷化合物均有剧毒，三价砷化合物比其他砷化合物毒性更强。口服三氧化二砷（俗称砒霜）5～10 mg 可造成急性中毒，致死量为 60～200 mg。地面水中含砷量因水源和地理条件不同而有很大差异。天然水中通常含有一定量的砷，淡水中砷的浓度为 0.2～230 μg/L，海水中的浓度为 6～30 μg/L，我国一些主要河道干流中砷含量为 0.01～0.6 mg/L，长江水中含砷量一般小于 6 μg/L，松花江水系含砷量为 0.3～1.17 μg/L。砷的主要污染源为采矿、冶金、化工、化学制药、纺织、玻璃、制革等部门的工业废水。

砷的测定方法有电感耦合等离子发射光谱法（ICP-AES，原理同镉）、原子荧光法、新银盐分光光度法、二乙氨基二硫代甲酸银分光光度法和原子吸收法等。

1. 原子荧光法

在消解处理水样后加入硫脲，把砷还原成三价。在酸性介质中加入硼氢化钾溶液，三价砷形成砷化氢气体，由载气（氩气）直接导入石英管原子化器中。进而在氩氢火焰中原子化。基态原子受特种空心阴极灯光源的激发，产生原子荧光，通过检测原子荧光的相对强度，利用荧光强大与溶液中的砷含量呈正比的关系，计算样品溶液中砷的含量。

2. 新银盐分光光度法

新银盐分光光度法测砷的原理：硼氢化钾在酸性溶液中产生新生态氢，将水样中无机砷还原成砷化氢气体，以硝酸-硝酸银-聚乙烯醇-乙醇溶液为吸收液，砷化氢将吸收液中的银离子还原成单质胶态银，使溶液呈黄色，颜色强度与生成氢化物的量成正比。黄色溶液在 400 m 处有最大吸收，峰形对称。以空白吸收液为参比测其吸光度，用标准曲线法定量，得水样中砷的含量。

取最大水样体积 250 mL，此法的检出限为 0.000 4 mg/L，测定上限为 0.012 mg/L。该法适用于地表水和地下水痕量砷的测定。

3. 二乙氨基二硫代甲酸银分光光度法

二乙氨基二硫代甲酸银分光光度法测砷的原理：锌与酸作用，生成新生态氢；在碘化钾和氯化亚锡的存在下，使五价砷还原为三价砷，并与新生态氢反应，生成的气态砷化氢用二乙氨基二硫代甲酸银-三乙醇胺的三氯甲烷溶液吸收，生成红色胶体银，在波长 510 nm 处，以三氯甲烷为参比测其吸光度，用标准曲线法定量，得水样中砷的含量。

取试样量为 50 mL，砷的最低检出浓度为 0.007 mg/L，测定上限浓度为 0.50 mg/L，适用于水和废水中砷的测定。

4.2.5　铅的测定

铅是一种有毒的金属，可在人体和动植物组织中积蓄。其主要的毒性效应表现为贫血、神经机能失调和肾损伤。用含铅 0.1～4.4 mg/L 的水灌溉水稻和小麦时，作物中含铅量明显增加。世界范围内，淡水中含铅 0.06～120 μg/L，中值 3 μg/L；海水含铅 0.03～13 μg/L，中值 0.03 μg/L。铅的主要污染源是蓄电池、冶炼、五金、机械、涂料和电镀工业等部门的排放废水。

铅的测定方法有电感耦合等离子发射光谱法（ICP-AES）、原子吸收分光光度法、双硫腙分光光度法、阳极溶出伏安法和示波极谱法等。ICP-AES 法测定铅的原理同镉。下面主要介绍双硫腙分光光度法。

双硫腙分光光度法测铅的原理：在 pH 为 8.5～9.5 的氨性柠檬酸盐-氰化物的还原性介质中，铅与双硫腙形成可被三氯甲烷或四氯化碳萃取的淡红色的双硫腙铅螯合物，在 510 nm 处用标准曲线法得出水样中的铅含量。

当使用光程 10 mm 比色皿，试样体积为 100 mL，用 10 mL 双硫腙三氯甲烷溶液萃取时，铅的最低检出浓度为 0.01 mg/L，测定上限为 0.3 mg/L，适用于测定地表水和废水中的痕量铅。

4.2.6　锌的测定

锌是人体必不可少的有益元素。碱性水中锌的浓度超过 5 mg/L 时，水有苦涩味，并出现乳白色。水中含锌 1 mg/L 时，对水体的生物氧化过程有轻微抑制作用，对水生生物有轻微毒性。锌的主要污染源是电镀、冶金、颜料及化工等行业排放的废水。

锌的测定方法有电感耦合等离子发射光谱法（ICP-AES，原理同镉）、原子吸收法、双硫腙分光光度法、阳极溶出伏安法和示波极谱法。原子吸收法测定锌具有较高的灵敏度，干扰少，适合测定各类水中的锌。不具备原子吸收光谱仪的单位，可选用双硫腙分光光度法、阳极溶出伏安法或示波极谱法。这里简单介绍双硫腙分光光度法。

双硫腙分光光度法测定锌的原理：在 pH 为 4.0～5.5 的醋酸盐缓冲介质中，锌离子与双硫腙形成红色螯合物，用三氯甲烷或四氯化碳萃取，在最大吸收波长 535 nm 处测定吸光度，用标准曲线法定量，得水样中锌的含量。

当使用光程为 10 mm 比色皿，试样体积为 100 mL 时，锌的最低检出浓度为 0.005 mg/L，测定上限为 0.3 mg/L。适用于测定天然水和轻度污染的地面水中锌的测定。

4.2.7　铜的测定

铜是人体必不可少的元素，成人每日的需求量估计为 20 mg。但过量摄入对人体有害。饮用水中铜的含量在很大程度上取决于水管和水龙头的种类，其含量可高至 1 mg/L，这说明通过饮水摄入的铜量可能是很可观的。铜对生物产生的毒性很大，毒性的大小与其形态有关。通常，淡水中铜的浓度约为 3 μg/L，海水中铜的浓度约为 0.25 μg/L。铜的主要污染源是电镀、冶炼、五金、石油化工和化学工业部门排放的废水。

铜的测定方法有电感耦合等离子发射光谱法（ICP-AES，原理同镉）、原子吸收法、二乙氨基二硫代甲酸钠萃取分光光度法、新亚铜灵萃取分光光度法、阳极溶出伏安法和示波极谱法。

1. 二乙氨基二硫代甲酸钠萃取分光光度法

二乙氨基二硫代甲酸钠萃取分光光度法的原理：在氨性溶液中（pH 为 9～10），铜与二乙氨基二硫代甲酸钠作用，生成摩尔比为 1∶2 的黄棕色络合物。用四氯化碳或氯仿萃取后，在最大吸收波长 440 nm 处测吸光度，用标准曲线法定量，得水样中铜的含量。

二乙氨基二硫代甲酸钠萃取分光光度法的测定范围为 0.02～0.06 mg/L，最低检出浓度为 0.01 mg/L，经适当稀释和浓缩，测定上限可达 2.0 mg/L。该法适用于地面水和各种工业废水中铜的测定。

2. 新亚铜灵萃取分光光度法

新亚铜灵萃取分光光度法的原理：用盐酸羟胺将二价铜离子还原为亚铜离子，在中性或微酸性溶液中，亚铜离子和新亚铜灵反应生成摩尔比为 1∶2 的黄色络合物，用三氯甲烷-甲醇混合溶剂萃取此络合物，在 457 nm 处测定吸光度，用标准曲线法定量，得水样中铜的含量。

新亚铜灵萃取分光光度法铜的最低检出浓度为 0.06 mg/L，测定上限为 3 mg/L。该法适用于测定地表水、生活污水和工业废水中的铜。

4.2.8　其他金属化合物的测定

根据水和废水污染类型和对用水水质的要求不同，有时还需要监测其他金属元素。常见其他金属化合物监测方法见表 4-2，详细内容可查阅《水和废水监测分析方法》和其他水质监测资料。

表 4-2　常见其他金属化合物监测方法

元素	危　害	分析方法	测定浓度范围
铁	具有低毒性，工业用水含量高时，产品上形成黄斑	1. 原子吸收法 2. 邻菲啰啉分光光度法 3. EDTA 滴定法	0.03～5.0 mg/L 0.03～5.00 mg/L 5～20 mg/L
锰	具有低毒性，工业用水含量高时，产品上形成斑痕	1. 原子吸收法 2. 高碘酸钾氧化分光光度法 3. 甲醛肟分光光度法	0.01～3.0 mg/L 最低 0.05 mg/L 0.01～4.0 mg/L
钙	人体必需元素，但过高会引起肠胃不适，结垢	1. EDTA 滴定法 2. 原子吸收法	2～100 mg/L 0.02～5.0 mg/L
镁	人体必需元素，过量有导泄和利尿作用，结垢	1. EDTA 滴定法 2. 原子吸收法	2～100 mg/L 0.002～5.0 mg/L
铍	单质及其化合物毒性都极强	1. 石墨炉原子吸收法 2. 活性炭吸附-铬天菁 S 分光光度法	0.04～4 mg/L 最低 0.1 mg/L
镍	具有致癌性，对水生生物有明显危害，镍盐可引起过敏性皮炎	1. 原子吸收法 2. 丁二酮分光光度法 3. 示波极谱法	0.01～8 mg/L 0.1～4 mg/L 最低 0.06 mg/L

4.3　非金属无机化合物的测定

水体中的非金属无机化合物很多，主要的水质监测项目有 pH、溶解氧、硫化物、含氮化合物、氰化物、氟化物等。

4.3.1　pH 的测定

pH 是最常用和最重要的水质监测指标之一，用来表示水的酸碱性的强弱。天然水的 pH 多为 6～9；饮用水的 pH 一般需控制在 6.5～8.5；工业水的 pH 一般限制较严格，如锅炉用水的 pH 必须为 7.0～8.5，以防金属管道被腐蚀；水的物化、生化处理过程中，pH 是重要的控制参数。另外，pH 对水中有毒物质的毒性有着很大影响，必须加以控制。

pH 与酸碱度既有联系、又有区别。pH 表示水的酸碱性的强弱，而酸度或碱度是水中所含酸或碱物质的含量。同样酸度的溶液，如盐酸和醋酸，摩尔浓度相同，则二者酸度一样，但 pH 却大不相同，因两者的电离程度不同。

测定水的 pH 的方法有玻璃电极法和比色法。

1. 玻璃电极法

玻璃电极法测定 pH 是以 pH 玻璃电极为指示电极，饱和甘汞电极为参比电极，与被测水样组成原电池。用已用标准溶液校准的 pH 计测定水样，从 pH 计显示器上直接读出水样的 pH。

玻璃电极法是测 pH 最常用的方法，该法测定准确、快速，基本不受水体色度、浊度、胶体物质、氧化剂和还原剂及高含盐量的影响。

2. 比色法

比色法是利用各种酸碱指示剂在不同 pH 的水溶液中产生不同的颜色来测定 pH。在一系列已知 pH 的标准缓冲溶液中加入适当的指示剂制成标准色列，在待测水样中加入与标准色列同样的指示剂，进行目视比色，从而确定水样的 pH。常用 pH 指示剂及其变色范围见表 4-3。

表 4-3　常用 pH 值指示剂及其变色范围

指示剂	pH 范围	颜色变化	指示剂	pH 范围	颜色变化
溴酚蓝	2.8～4.6	黄-蓝紫	酚红	6.8～8.4	黄-红
甲基橙	3.1～4.4	橙红-黄	甲基红	7.2～8.8	黄-红
溴甲酚氯	3.6～5.2	黄-蓝	麝蓝（碱性）	8.0～9.6	黄-蓝
溴酚红	4.8～6.4	黄-红	酚酞	8.3～10.0	无色-红
溴甲酚紫	5.2～6.8	黄-紫	白里酚酞	9.3～10.5	无色-红

该法适用于测定浊度和色度都很低的天然水和饮用水的 pH，不适于测定有色、浑浊或含有较高游离氯、氧化剂和还原剂的水样。如果粗略地测定水样 pH，可使用 pH 试纸。

4.3.2　溶解氧（DO）的测定

溶解在水中的分子态氧称为溶解氧（简称 DO）。

水中溶解氧的含量与大气压力、水温及含盐量等因素有关。大气压力降低、水温升高、含盐量增加都会导致水中溶解氧含量降低。清洁地面水中溶解氧一般接近饱和。污染水体的有机、无机还原性物质在氧化过程中会消耗溶解氧，若大气中的氧来不及补充，水中的溶解氧就会逐渐降低，以致接近于零，此时厌氧菌繁殖，导致水质恶化。废水中因含有大量污染物质，一般溶解氧含量较低。

水中的溶解氧虽然不是污染物质，但通过溶解氧的测定，可以大体估计水中的以有机物为主的还原性物质的含量。溶解氧是衡量水质优劣的重要指标。

测定溶解氧的方法主要有碘量法及其修正法、膜电极法和电导测定法。

1. 碘量法及其修正法

（1）碘量法测溶解氧的原理：水样中加入硫酸锰和碱性碘化钾，水中溶解氧将二价锰氧化成四价锰，并生成氢氧化物棕色沉淀。加酸后，氢氧化物沉淀溶解并与碘离子反应而释放出与溶解氧量相当的游离碘。以淀粉为指示剂，用硫代硫酸钠标准溶液滴定释放出碘，可计算出溶解氧含量。

结果计算公式为

$$DO(O_2, mg/L) = \frac{cV(8 \times 1\,000)}{V_{水}} \qquad (4\text{-}8)$$

式中　c——硫代硫酸钠标准溶液浓度；

　　　V——滴定消耗硫代硫酸钠标准溶液体积；

　　　$V_{水}$——水样的体积；

　　　8——氧换算值。

碘量法适用于水源水、地面水等清洁水中溶解氧的测定。

（2）修正的碘量法。普通碘量法测定溶解氧时会受到水样中一些还原剂物质的干扰，必须对碘量法进行修正。修正的碘量法适用于受污染的地面水和工业废水中溶解氧的测定。

当水样中含有亚硝酸盐（亚硝酸盐能与碘化钾作用放出单质碘，引起测定结果的正误差）时，可加入叠氮化钠排除其干扰，该法称为叠氮化钠修正碘量法。加入叠氮化钠先将亚硝酸盐分解，再用碘量法测定 DO。

当水样中含有大量亚铁离子时（会对测定结果产生负干扰），用高锰酸钾氧化亚铁离子，生成的高价铁离子用氟化钾掩蔽，从而去除，过量的高锰酸钾用草酸盐去除，该法称为高锰酸钾修正法。在酸性条件下，用高锰酸钾将水样中存在的亚硝酸盐、亚铁离子和有机污染物等干扰物质氧化去除，过量的高锰酸钾用草酸钾除去，用氟化钾掩蔽高价铁离子，再用碘量法测定 DO。

如水样有色或含有藻类及悬浮物等，在酸性条件下会消耗碘而干扰测定，可采用明矾修正法消除。如水样中含有活性污泥等悬浮物，可用硫酸铜-氨基磺酸絮凝修正法排除其干扰。

2. 膜电极法

尽管修正的碘量法在一定程度上排除或降低了 DO 测定时的干扰，但由于水中污染物的多样性及复杂性，在应用于生活污水和工业废水中 DO 的测定时，该方法还是受到了很多限制。用碘量法测 DO 时很难实现现场测定、在线监测。而膜电极法具有操作简便、快速和干扰少（不受水样色度、浊度及化学滴定法中干扰物质的影响）等优点，并可实现现场监测和在线监测，应用广泛。

膜电极法根据分子氧透过薄膜的扩散速率来测定水中溶解氧，膜电极的薄膜只能透过气体，透过膜的氧气在电极上还原，产生的还原电流与氧的浓度成正比，通过测定还原电流就可以得到水样中溶解氧的浓度。

3. 电导测定法

用非导电的金属铊或其他化合物与水中溶解氧反应生成能导电的铊离子。通过测定水样电导率的增量，求得溶解氧的浓度。实验表明：每增加 0.035 S/cm 的电导率相当于增加 1 mg/L 的溶解氧。此法是测定溶解氧最灵敏的方法之一，可连续监测。

4.3.3 含氮化合物的测定

4.3.3.1 含氮化合物的测定方法

含氮化合物包括无机氮和有机氮。随着生活污水和工业废水中大量含氮化合物进入水体，氮的自然平衡遭到破坏，使水质恶化，是产生水体富营养化的主要原因。有机氮在微生物作用下，逐渐分解变成无机氮，以氨氮、亚硝酸盐氮、硝酸盐氮形式存在，因此测定水样中各种形态的含氮化合物，有助于评价水体被污染和自净情况。

1. 氨氮

氨氮（NH_3-N）以游离氨（NH_3）或铵盐（NH_4^+）形式存在于水中，两者的组成比取决于水的 pH。当 pH 偏高时，游离氨的比例较高；当 pH 偏低时，铵盐的比例较高。

水中氨氮的来源主要为生活污水中含氮有机物受微生物作用的分解产物，某些工业废水，如焦化废水和合成氨化肥厂废水等，以及农田排水。

氨氮的测定方法有纳氏试剂分光光度法、滴定法、水杨酸—次氯酸盐分光光度法和电极法等。

1）水样的预处理

水样带色或浑浊以及含其他一些干扰物质会影响氨氮的测定。为消除干扰需对水样作适当预处理。

对较清洁的水，可采用絮凝沉淀法，对污染严重的水或工业废水，可采用蒸馏法。

（1）絮凝沉淀法。先在水样中加适量硫酸锌溶液，再加入氢氧化钠溶液，生成氢氧化锌沉淀，经过滤即可除去颜色和浑浊等。也可在水样中加入氢氧化铝悬浮液，过滤除去颜色和浑浊。

（2）蒸馏法。调节水样的 pH 至 6.0～7.4，加入适量氧化镁使其显微碱性（或加入 pH 为 9.5 的 $Na_4B_4O_7$-NaOH 缓冲溶液使呈弱碱性）蒸馏，释出的氨被吸收于硫酸或硼酸溶液中。纳氏法和滴定法用硼酸为吸收液，水杨酸-次氯酸盐法用硫酸作为吸收液。

2）纳氏试剂分光光度法

纳氏试剂分光光度法测氨氮的原理：在水样中加入碘化钾和碘化汞的强碱性溶液（纳氏试剂），与氨反应生成黄棕色胶态化合物，此颜色在较宽的波长范围内具有强烈的吸收作用。通常于 410～425 nm 波长处测吸光度，用标准曲线法定量，求出水样中氨氮含量。

纳氏试剂分光光度法测氨氮的最低检出浓度为 0.025 mg/L，测定上限为 2 mg/L。采用目视比色法，最低检出浓度为 0.02 mg/L。水样作适当的预处理后，可适用于地面水、地下水、工业废水和生活污水中氨氮的测定。

3）滴定法

滴定法原理：取一定体积的水样，调节 pH 在 6.0～7.4 范围，加入氧化镁使其呈微碱性。加热蒸馏，释出的氨被吸入硼酸溶液中，以甲基红-亚甲蓝为指示剂，用酸标准溶液滴定馏出液中的铵（溶液从绿色到紫色为滴定的终点），得出水样中氨氮的含量。

滴定法适合于测定铵离子浓度超过 5 mg/L 或严重污染的水体，或水样中伴随有影响使用比色法测定的有色物质。使用滴定法测定氨氮的水样，必须已进行蒸馏预处理。

4）水杨酸-次氯酸盐分光光度法

水杨酸-次氯酸盐分光光度法测氨氮的原理：在亚硝基铁氰化钠作为催化剂存在的条件下，铵与水杨酸盐和次氯酸离子在碱性条件下反应生成蓝色化合物，其颜色的深浅与氨氮浓度成正比，在波长 697 nm 最大吸收处测吸光度，用标准曲线法定量，得水样中氨氮的含量。

水杨酸一次氯酸盐分光光度法测氨氮的最低检出浓度为 0.01 mg/L，测定上限为 1 mg/L。适用于饮用水、生活污水和大部分工业废水中氨氮的测定。

5）电极法

氨气敏电极是一复合电极，以 pH 玻璃电极为指示电极、银-氯化银电极为参比电极。此电极对置于盛有 0.1 mol/L 氯化铵内充液的塑料套管中，管端部紧贴指示电极敏感膜处装有疏水半渗透膜，使内电解液与外部试液隔开，半透膜与 pH 玻璃电极间有一层很薄的液膜。水样中加入强碱溶液将 pH 提高到 11 以上，使铵盐转化为氨，生成的氨由于扩散作用而通过半透膜（水和其他离子则不能通过），使氯化铵电解质液膜层内 NH_4^+-NH_3 的反应向左移动，引起氢离子浓度改变，由 pH 玻璃电极测得其变化。在恒定的离子强度下，测得的电动势与水样中氨氮浓度的对数呈一定的线性关系。由此，可以测得的电位值确定样品中氨氮的含量。

电极法测定氨氮的最低检出浓度为 0.03 mg/L，测定上限为 1 400 mg/L。适用于饮用水、地表水、生活污水和工业废水中氨氮含量的测定。

2. 亚硝酸盐氮

亚硝酸盐（NO_2^--N）是含氮化合物分解过程中的中间产物，不稳定。根据水环境条件，可被氧化成硝酸盐，也可被还原成氨。亚硝酸盐可使人体正常的血红蛋白氧化成高铁血红蛋白，发生高铁血红蛋白症，失去血红蛋白在体内输送氧的能力，出现组织缺氧的症状。

亚硝酸盐可与仲胺类反应生成具致癌性的亚硝胺类物质，在 pH 较低的酸性条件下，有利于亚硝胺类的形成。

水中亚硝酸盐的测定方法通常采用重氮-偶联反应，使其生成红紫色染料，方法灵敏、选择性强。所用重氮和偶联试剂种类较多、最常用的，前者为对氨基苯磺酰胺和对氨基苯磺酸，后者为 N-（1-萘基）-乙二胺和 α-萘胺。

亚硝酸盐氮的测定方法有 N-（1-萘基）-乙二胺分光光度法和离子色谱法。

（1）N-（1-萘基）-乙二胺分光光度法。N-（1-萘基）-乙二胺分光光度法测亚硝酸盐氮的原理：在磷酸介质中，pH = (1.8 ± 0.3) 时，亚硝酸盐与对氨基苯磺酰胺反应，生成重氮盐，再与 N-（1-萘基）-乙二胺偶联生成红色染料，于 540 nm 波长处测定吸光度，用标准曲线法定量，求出水样中亚硝酸盐氮的含量。

N-（1-萘基）-乙二胺分光光度法测亚硝酸盐氮的最低检出浓度为 0.003 mg/L，测定上限为 0.20 mg/L。适用于饮用水、地表水、地下水、生活污水和工业废水中亚硝酸盐氮含量的测定。

（2）离子色谱法。离子色谱法测定亚硝酸盐氮的原理：利用离子交换的原理，连续对多种阴离子进行定性和定量分析。水样注入碳酸盐-碳酸氢盐溶液并流经系列的离子交换树脂，基于待测阴离子对低容量强碱性阴离子树脂的相对亲和力不同而分开。被分离的阴离子，在流经强酸性阳离子树脂时，被转换为高电导的酸型，碳酸盐-碳酸氢盐则转变为弱电导的碳酸。用电导检测器测量被转变为相应酸型的阴离子，与标准比较，根据保留时间定性，峰高或峰面积定量。

离子色谱法测定亚硝酸盐氮的下限为 0.1 mg/L。当进样量为 100 mL，用 10 mS 满刻度电导检测器时，F^- 为 0.02 mg/L，Cl^- 为 0.04 mg/L，NO_2^- 为 0.05 mg/L，Br^- 为 0.15 mg/L，PO_4^{3-} 为 0.20 mg/L，SO_4^{2-} 为 0.10 mg/L。此法可以连续测定饮用水、地表水、地下水、雨水中的 F^-、Cl^-、NO_2^-、Br^-、PO_4^{3-}、SO_4^{2-} 浓度。

3. 硝酸盐氮

水中的硝酸盐是在有氧环境下，各种形态的含氮化合物中最稳定的氮化合物，也是含氮有机物经无机化作用最终阶段的分解产物。亚硝酸盐可经氧化而生成硝酸盐，硝酸盐在无氧环境中，也可受微生物的作用而还原为亚硝酸盐。人摄取硝酸盐后，经肠道中微生物作用转变为亚硝酸盐而出现毒性作用。硝酸盐氮的主要来源为制革、酸洗废水、某些生化处理设施的出水和农田排水。

硝酸盐氮的测定方法有酚二磺酸分光光度法、镉柱还原法、戴氏合金还原法、紫外分光光度法、离子选择电极法和离子色谱法。

（1）酚二磺酸分光光度法。酚二磺酸分光光度法测硝酸盐氮的原理：硝酸盐在无水情况下与酚二磺酸反应，生成硝基二磺酸酚，在碱性溶液中生成黄色硝基酚二磺酸三钾盐化合物，于 410 nm 波长处测定吸光度，标准曲线法定量，求出水样中硝酸盐氮含量。

酚二磺酸分光光度法测硝酸盐氮的最低检出浓度为 0.02 mg/L，测定上限为 2.0 mg/L。该法适用于测定饮用水、地下水和清洁地表水。

（2）镉柱还原法。镉柱还原法测定硝酸盐氮的原理：在一定条件下，水样通过镉还原柱（铜-镉、汞-镉、海绵状镉），使硝酸盐还原为亚硝酸盐，然后以重氮-偶联反应，用标准曲线定量，求出水样中亚硝酸盐氮的含量。硝酸盐氮含量即测得的总亚硝酸盐氮减去未还原水样中所含亚硝酸盐。

镉柱还原法测定硝酸盐氮的测定范围为 0.01～0.4 mg/L。适用于硝酸盐含量较低的饮用水、清洁地面水和地下水。

（3）戴氏合金还原法。戴氏合金还原法测定硝酸盐氮的原理：在碱性介质中，硝酸盐可被戴氏合金在加热情况下定量还原为氨，经蒸馏出后被硼酸溶液吸收，用纳氏分光光度法或酸滴定法测定。

戴氏合金还原法测定硝酸盐氮适用于硝酸盐氮含量大于 2 mg/L 的水样，可以测定带深色的严重污染的水及含大量有机物或无机盐的废水中亚硝酸氮的含量。

（4）紫外分光光度法。紫外分光光度法测定硝酸盐氮的原理：利用硝酸根离子在 220 nm 波长处的吸收而定量测定硝酸盐氮。溶解的有机物在 220 nm 处也会有吸收，而硝酸根离子在 275 mn 处没有吸收。因此，在 275 nm 处另作一次测量，以校正硝酸盐氮值。

紫外分光光度法测定硝酸盐氮的最低检出浓度为 0.08 mg/L，测定上限为 4 mg/L。该法适用于测定清洁地面水和未受明显污染的地下水中的硝酸盐氮。

4.3.3.2 总氮的测定实验

1. 主要内容和目的

大量生活污水、农田排水或含氮工业废水排入水体，使水中有机氮和各种无机氮化物含量增加，生物和微生物大量繁殖，消耗水中溶解氧，使水体质量恶化。湖泊、水库中含有超标的氮、磷类物质时，造成浮游植物繁殖旺盛，出现富营养化状态。因此，总氮是衡量水质的重要指标之一。

（1）掌握总氮的测定方法。

（2）掌握紫外分光光度计的分析方法。

2. 原　理

总氮测定方法通常采用过硫酸钾氧化，使有机氮和无机氮化合物转变为硝酸盐后，再以紫外法、偶氮比色法，以及离子色谱法或气相分子吸收法进行测定。水样采集后，用硫酸酸化到 pH<2，在 24 h 内进行测定。

过硫酸钾氧化紫外分光光度法（A）原理：在 60 ℃ 以上的水溶液中，过硫酸钾按如下反应式分解，生成氢离子和氧。

$$K_2S_2O_8 + H_2O\text{---}2KHSO_4 + 1/2O_2 \uparrow$$

$$KHSO_4\text{---}K^+ + HSO_4^-$$

$$HSO_4^-\text{---}H^+ + SO_4^{2-}$$

加入氢氧化钠用以中和氢离子，使过硫酸钾分解完全。

在 120～124 ℃ 的碱性介质条件下，用过硫酸钾作氧化剂，不仅可将水样中的氨氮和亚硝酸盐氮氧化为硝酸盐,同时可将水样中大部分有机氮化合物氧化为硝酸盐。而后,用紫外分光光度法分别于波长 220 nm 与 275 nm 处测定其吸光度,按 $A=A_{220}-2A_{275}$ 计算硝酸盐氮的吸光度值,从而计算总氮的含量。其摩尔吸光系数为 1.47×10^3 L/(mol·cm)。

3. 干扰及消除

水样中含有六价铬离子及三价铁离子时,可加入 5%盐酸羟胺溶液 1~2 mL 以消除其对测定的影响。

碘离子及溴离子对测定有干扰。测定 20 μg 硝酸盐氮时,碘离子含量相对于总氮含量的 0.2 倍时无干扰;溴离子含量相对于总氮含量的 3.4 倍时无干扰。

碳酸盐及碳酸氢盐对测定的影响,在加入一定量的盐酸后可消除。

硫酸盐及氯化物对测定无影响。

4. 方法的适用范围

该法主要适用于湖泊、水库、江河水中总氮的测定。方法检测下限为 0.05 mg/L,测定上限为 4 mg/L。

5. 仪器

(1)紫外分光光度计。

(2)压力蒸汽消毒器或民用压力锅,压力为 1.1~1.3 kg/cm²,相应温度为 120~124 ℃。

(3)25 mL 具塞玻璃磨口比色管。

6. 试剂

(1)无氨水:每升水中加入 0.1 mL 浓硫酸,蒸馏。收集馏出液于玻璃容器中或用新制的去离子水。

(2)20%氧化钠溶液:称取 20 g 氢氧化钠,溶于无氨水中,稀释至 100 mL。

(3)碱性过硫酸钾溶液:称取 40 g 过硫酸钾($K_2S_2O_8$)、15 g 氢氧化钠,溶于无氨水中稀释至 1 000 mL。溶液存放在聚乙烯瓶内,可储存一周。

(4)(1+9)盐酸。

(5)硝酸钾标准溶液。

① 标准储备液:称取 0.721 8 g 经 105~110 ℃ 烘干 4 h 的优级纯硝酸钾(KNO_3)溶于无氨水中,移至 1000 mL 容量瓶中定容。此溶液每毫升含 100 μg 硝酸盐氮。加入 2 mL 二氯甲烷为保护剂,至少可稳定 6 个月。

② 硝酸钾标准使用液:将储备液用无氨水稀释 10 倍而得。此溶液每毫升含 10 μg 硝酸盐氮。

7. 步骤

1)校准曲线的绘制

(1)分别吸取 0、0.50、1.00、2.00、3.00、5.00、7.00、8.00 mL 硝酸钾标准使用溶

液于 25 mL 比色管中。用无氨水稀释至 10 mL 标线。

（2）加入 5 mL 碱性过硫酸钾溶液，塞紧磨口塞，用纱布及纱绳裹紧管塞，以防迸溅出来。

（3）将比色管置于压力蒸汽消毒器中，加热 0.5 h，放气使压力指针回零。然后升温，在 120～124 ℃ 开始计时（或将比色管置于民用压力锅中，加热至顶压阀吹气开始计时）。使比色管在过热水蒸气中加热 0.5 h。

（4）自然冷却，开阀放气，移去外盖，取出比色管并冷至室温。

（5）加入（1＋9）盐酸 1 mL，用无氨水稀释至 25 mL 标线。

（6）在紫外分光光度计上，以无氨水作参比，用 10 mm 石英比色皿分别在 220 nm 及 275 nm 波长处测定吸光度。用校正的吸光度绘制校准曲线。

2）样品测定步骤

取 10 mL 水样或取适量水样（使氨含量为 20～80 μg）按校准曲线绘制步骤（2）～（6）操作。然后按校正吸光度，在校准曲线上查出相应的总氮量，再用公式（4-9）计算总氮含量。

$$总氮（mg/L）=m/V \qquad\qquad (4\text{-}9)$$

式中　m——从校准曲线上查得的含氮量，μg；

　　　V——所取水样体积，mL。

8. 注意事项

（1）参考吸光度比值（$A_{275}/A_{220} \times 100\%$）大于 20%时，应予以鉴别。.

（2）玻璃具塞比色管的密合性应良好。使用压力蒸汽消毒器时，冷却后放气要缓慢；使用民用压力锅时，要充分冷却方可揭开锅盖，以免比色管塞蹦出。

（3）玻璃器皿可用 10%盐酸浸洗，用蒸馏水冲洗后再用无氨水冲洗。

（4）使用高压蒸汽消毒器时，应定期校核压力表；使用民用压力锅时，应检查橡胶密封圈，使其不致漏气而减压。

（5）测定悬浮物较多的水样时，在过硫酸钾氧化后可能出现沉淀。遇此情况，可吸取氧化后的上清液进行紫外分光光度法测定。

4.3.4 硫化物的测定

地下水，特别是温泉水中常含有硫化物，通常地表水中硫化物含量不高，受到污染时，水中的硫化物主要来自在厌氧条件下硫酸盐和含硫有机物的微生物还原和分解，生成硫化氢，产生臭味并使水呈黑色。生活污水中有机硫化物含量较高，某些工业废水（如石油炼制、人造纤维、制革、印染、焦化、造纸等）中也含有硫化物。

硫化氢为强烈的神经毒物，对黏膜有明显刺激作用，在水中达到一定浓度（200 mg/L）会致水生生物死亡，当空气中含有 0.2% 硫化氢气体时，几分钟内就会致人死亡。硫化氢还会腐蚀金属，如被氧化为硫酸，则会腐蚀混凝土下水道。

当环境中检出硫化物时，往往说明水质已受到严重污染，因此，硫化物是水体污染的一项重要指标。

测定硫化物的方法有对氨基二甲基苯胺分光光度法、碘量法、电位滴定法、离子色谱法、库仑滴定法、比浊法等。本节主要介绍对氨基二甲基苯胺分光光度法、碘量法和电位滴定法。

1. 水样的预处理

（1）乙酸锌沉淀-过滤法。当水样中只含有少量硫代硫酸盐、亚硫酸盐等干扰物质时，可将现场采集并已固定的水样，用中速定量滤纸或玻璃纤维滤膜进行过滤，然后按含量的高低选择适当方法，直接测定沉淀中的硫化物。

（2）酸化-吹气法。若水样中存在悬浮物或浑浊度高、色度深时，可将现场采集固定后的水样加入一定量的磷酸，使水样中的硫化锌转变为硫化氢气体，利用载气将硫化氢吹出，乙酸锌溶液或2%氢氧化钠溶液吸收，再行测定。

（3）过滤-酸化-吹气分离法。若水样污染严重，不仅含有不溶性物质及影响测定的还原性物质，并且浊度和色度都高时，宜用此法。即将现场采集且固定的水样，用中速定量滤纸或玻璃纤维滤膜过滤后，按酸化吹气法进行预处理。

预处理操作是测定硫化物的一个关键性步骤，应注意既消除干扰物的影响，又不致造成硫化物的损失。即硫化物测定中样品预处理的目的是消除干扰和提高检测能力。

2. 对氨基二甲基苯胺分光光度法

对氨基二甲基苯胺分光光度法测定硫离子原理：在含高铁离子的酸性溶液中，硫离子与对氨基二甲基苯胺反应，生成蓝色亚甲蓝染料，颜色深度与水样中硫离子浓度成正比，于665 nm处测其吸光度，用标准曲线法定量，得水样中硫化物的含量。

该法硫离子最低检出浓度为0.02 mg/L，测定上限为0.8 mg/L。当采用酸化-吹气预处理法时，可进一步降低检出浓度。酌情减少取样量，测定浓度可高达4 mg/L。当水样中硫化物的含量小于1mg/L时，采用对氨基二甲基苯胺分光光度法。此法适用于地表水和工业废水中硫化物的测定。

3. 碘量法

碘量法测定硫离子原理：水样中的硫化物与乙酸锌生成白色硫化锌沉淀，将其用酸溶解后，加入过量碘溶液，则碘与硫化物反应析出硫，用硫代硫酸钠标准溶液滴定剩余的碘，根据硫代硫酸钠标准溶液消耗量，间接计算得出硫化物的含量。

碘量法适用于硫化物含量大于1 mg/L的水和废水的测定。该法硫离子最低检出浓度为0.02 mg/L，测定上限为0.8 mg/L。

4. 电位滴定法

电位滴定法测定硫离子原理：用硝酸铅标准溶液滴定硫离子，生成硫化铅沉淀。以硫离子选择电极作为指示电极，双盐桥饱和甘汞电极作为参比电极，与被测水样组成原电池。用晶体管毫伏计或酸度计测量原电池电动势的变化，根据滴定终点电位突跃，求出硝酸铅标准溶液用量，即可计算出水样中硫离子的含量。

该方法不受色度、浊度的影响。但硫离子易被氧化，常加入抗氧缓冲溶液（SAOB）予以保护。SAOB 溶液中含有水杨酸和抗坏血酸。水杨酸能与 Fe^{3+}、Fe^{2+}、Cu^{2+}、Cd^{2+}、Zn^{2+}、Cr^{3+} 等多种金属离子生成稳定的络合物；抗坏血酸能还原 Ag^+、Hg^{2+} 等，消除它们的干扰。

该方法适宜测定硫离子浓度范围为 $10^{-1} \sim 10^{-3}$ mol/L，最低检出浓度为 0.2 mg/L。

4.3.5 氰化物的测定

氰化物属于剧毒物，可分为简单氰化物、络合氰化物和有机腈。其中简单氰化物易溶于水，毒性大；络合氰化物在水体中受 pH、水温和光照等影响离解为毒性强的简单氰化物。氰化物对人体的毒性主要是引起组织缺氧窒息。地表水一般不含氰化物，主要来源是电镀、化工、选矿、有机玻璃制造等工业废水的排放。

氰化物的测定方法有硝酸银滴定法、异烟酸-吡唑啉酮分光光度法、异烟酸-巴比妥酸分光光度法。

1. 水样的预处理

向水样中加入酒石酸和硝酸锌，调节 pH 为 4，加热蒸馏，简单氰化物和部分络合物以氰化氢形式被蒸馏出，用氢氧化钠溶液吸收待测。

向水样中加入磷酸和 EDTA，在 pH 小于 2 的条件下加热蒸馏，可将全部简单氰化物和除钴氰化合物外的绝大部分配合氰化物以氰化氢形式蒸馏出来，用氢氧化钠溶液吸收待测。

2. 硝酸银滴定法

硝酸银滴定法测定氰化物的原理：水样经预处理后得到碱性馏出液（调节溶液的 pH 至 11 以上），用硝酸银标准溶液滴定，氰离子与硝酸银作用形成可溶性的银氰络合离子 $[Ag(CN)_2]^-$，过量的银离子与试银灵指示液反应，溶液由黄色变为橙红色，即达终点。

当水样中氰化物含量在 1 mg/L 以上时，可用硝酸银滴定法进行测定。检测上限为 100 mg/L。硝酸银滴定法适用于测定饮用水、地面水、生活污水和工业废水中的氰化物。

3. 异烟酸-吡唑啉酮分光光度法

异烟酸-吡唑啉酮分光光度法测定氰化物的原理：水样经处理后得到的馏出液，调节溶液的 pH 至中性，加入氯胺 T 溶液，水样中的氰化物与之反应生成氯化氰，生成的氯化氰再与加入的异烟酸作用，经水解后生成戊烯二醛，生成的戊烯二醛与吡唑啉酮缩合生成蓝色染料，其色度与氰化物的含量成正比，在 638 nm 波长处测其吸光度，用标准曲线法定量，得出水样中氰化物的含量。

异烟酸-吡唑啉酮分光光度法测定氰化物的最低检出浓度为 0.004 mg/L，测定上限为 0.25 mg/L。该法适用于测定饮用水、地面水、生活污水和工业废水中的氰化物。

4. 异烟酸-巴比妥酸分光光度法

异烟酸-巴比妥酸分光光度法测定氰化物的原理：水样经预处理后得到馏出液，调节溶液的 pH 至中性，加入氯胺 T 溶液，水样中的氰化物与之反应生成氯化氰，生成的氯化氰再与加入的吡啶作用，经水解后生成戊烯二醛，生成的戊烯二醛与两个巴比妥酸分子缩合生成红紫色染料，其色度与氰化物的含量成正比，在 600 nm 波长处测其吸光度，用标准曲线法定量，得出水样中氰化物的含量。

异烟酸-巴比妥酸分光光度法测定氰化物的最低检测浓度为 0.001 mg/L，测定上限为 0.45 mg/L。该法适用于测定饮用水、地面水、生活污水和工业废水中的氰化物。

4.3.6 氟化物的测定

氟是维持人体健康必需的微量元素之一。我国饮用水中适宜的氟浓度为 0.05～1.0 mg/L。若饮用水中含量过低，摄入不足会引起龋齿病；若摄入量过多，则会患斑齿病，如水中含氟量高于 4 mg/L，则可导致氟骨病。

氟化物分布广泛，天然水中一般均含有氟。氟化物主要来源于有色冶金、钢铁和铝加工、焦炭、玻璃、陶瓷、电子、电镀、化肥农药厂的废水和含氟矿冶废水的排放。

水中氟化物的测定方法有氟离子选择电极法、氟试剂分光光度法、茜素磺酸锆目视比色法、硝酸钍滴定法。

1. 水样的预处理

通常采用预蒸馏的方法，主要有水蒸气蒸馏法和直接蒸馏法两种。

（1）水蒸气蒸馏法。水中氟化物在含高氯酸（或硫酸）的溶液中，通入水蒸气，以氟硅酸或氟化氢形式被蒸出。

（2）直接蒸馏法。在沸点较高的酸溶液中，氟化物以氟硅酸或氢氟酸形式被蒸出，使其与水中干扰物分离。

2. 氟离子选择电极法

氟离子选择电极是一种以氟化镧单晶片为敏感膜的传感器。当氟离子电极与含氟的试液接触时，与参比电极构成的电池的电动势随溶液中氟离子活度的变化而改变。用晶体管毫伏计或电位计测量上述原电池的电动势，并与用氟离子标准溶液测得的电动势相比较，即可求得水样中氟化物的浓度。

氟离子选择电极法测氟化物的最低检出浓度为 0.05 mg/L，测定上限为 1 900 mg/L。该法适用于测定地下水、地面水和工业废水中的氟化物。

3. 氟试剂分光光度法

氟试剂分光光度法测定氟化物的原理：氟离子在 pH 为 4.1 的乙酸盐缓冲介质中，

与氟试剂和硝酸镧反应，生成蓝色三元络合物，其颜色的强度与氟离子浓度成正比。在620 nm 波长处测其吸光度，用标准曲线法定量，得出水样中氟化物的含量。

水样体积为 25 mL，使用光程为 30 mm 的比色皿，氟试剂分光光度法测定氟化物的最低检测浓度为 0.05 mg/L，测定上限为 1.80 mg/L。该法适用于测定地下水、地面水和工业废水中的氟化物。

4. 茜素磺酸锆目视比色法

茜素磺酸锆目视比色法测定氟化物的原理：在酸性溶液中，茜素磺酸钠与锆盐生成红色络合物，当水样中有氟离子存在时，能夺取该络合物中的锆离子，生成无色的氟化锆离子，释放出黄色的茜素磺酸钠。根据溶液由红色退至黄色的色度不同，与标准色列比色。

茜素磺酸锆目视比色法测定氟化物的最低检测浓度为 0.05 mg/L，测定上限为2.5 mg/L。该法适用于测定饮用水、地下水、地面水和工业废水中的氟化物。

5. 硝酸钍滴定法

硝酸钍滴定法测定氟化物的原理：在以氯乙酸为缓冲剂，pH 为 3.2～3.5 的酸性介质中，以茜素磺酸钠和亚甲蓝作为指示剂，用硝酸钍标准溶液滴定氟离子，当溶液由翠绿色变为蓝灰色，即达反应终点。根据硝酸钍标准溶液的用量即可算出氟离子的浓度。

硝酸钍滴定法适于测定氟含量大于 50 mg/L 废水中的氟化物。

4.3.7　其他非金属无机污染物的测定

其他非金属无机污染物根据水体类型和对水质要求不同，还可能要求测定其他非金属无机物项目，如氯化物、碘化物、硫酸盐、二氧化硅、余磷、余氯等。对于这些项目的测定可参阅《水和废水监测分析方法》等书籍及相关的水质监测标准、规范。

4.4　有机化合物的测定

水体中的污染物质除无机化合物，还含有大量的有机物。有机污染物主要指以碳水化合物、蛋白质、脂肪、氨基酸等形式存在的天然有机物质及某些人工合成的可生物降解的有机物质。有机化合物通常以毒性大、强致癌性和消耗水体中溶解氧的形式对环境和人体产生危害作用，所以有机物污染指标是水质监测中非常重要的指标。

衡量有机物污染程度，最好进行有机污染的全分析，但污染物种类多、数量大，在现有的技术水平下，很难做到对有机物逐一检测，目前多采用测定与水中有机化合物相当的需氧量来间接表示有机化合物的含量，如 COD、BOD 等，或者对某一类有机化合物（如油类等）的测定。

有机化合物的测定方法主要有化学分析法、分光光度法、燃烧氧化法等。

4.4.1 化学需氧量（COD）

4.4.1.1 化学需氧量的测定方法

化学需氧量是指在一定条件下，用强氧化剂处理水样时所消耗氧化剂的量，以氧的毫克每升来表示。化学需氧量反映了水中受还原性物质污染的程度。水中还原性物质包括有机物、亚硝酸盐、亚铁盐、硫化物等。水被有机物污染是很普遍的，因此化学需氧量是表征水样中有机物相对含量的指标之一。

水样的化学需氧量可受加入氧化剂的种类及浓度、反应溶液的酸度、反应温度和时间，以及催化剂的有无而获得不同的结果。因此，化学需氧量也是一个条件性指标，必须严格按操作步骤进行。根据所用氧化剂的不同，化学需氧量的测定方法分为重铬酸钾法和高锰酸钾法。这两种方法从建立至今已有 100 多年的历史，在 20 世纪 50 年代以前，环境污染尚不严重，多是用高锰酸钾法和生化需氧量来研究水体污染及其防治。20 世纪 60 年代开始，环境污染日益严重，又因高锰酸钾的氧化率（仅 50% 左右）等因素的限制，重铬酸钾法应用的范围越来越广。

目前，我国新版的环境水质标准把高锰酸钾法测得的 COD 值称为高锰酸盐指数，把重铬酸钾法测得的 COD 值称为化学需氧量。重铬酸钾法测 COD 值是国际上广泛认定的标准方法。COD 值的测定方法有重铬酸钾法、氧化还原电位滴定和库仑滴定等方法。

1. 重铬酸钾法

重铬酸钾法测定 COD 的原理：向水样中加入一定量的重铬酸钾溶液氧化水中还原性物质，在强酸性介质下以银盐作为催化剂沸腾回流后，以试亚铁灵为指示剂，用硫酸亚铁铵标准溶液回滴，以同样条件做空白，根据硫酸亚铁铵标准溶液的用量计算水样的化学耗氧量。

（1）计算公式。

$$COD_{cr}(O_2, mg/L) = \frac{C \times (V_0 - V_1) \times 8 \times 1\,000}{V} \qquad (4-10)$$

式中　V_0——滴定空白时消耗硫酸亚铁铵标准溶液体积；

　　　V_1——滴定水样时消耗硫酸亚铁铵标准溶液体积；

　　　V——水样体积；

　　　C——硫酸亚铁铵标准溶液浓度；

　　　8——氧的摩尔质量。

（2）重铬酸钾氧化性很强（氧化率可达 90%），可将大部分有机物氧化，但吡啶不被氧化，芳香族有机物不易被氧化；挥发性直链脂肪族化合物、苯等存在于蒸气相，不能与氧化剂液体接触，氧化不明显。氯离子能被重铬酸钾氧化，并与硫酸银作用生成沉淀，影响测定结果，应在回流前加入适量硫酸汞去除。若氯离子含量过高则应先稀释水样。

（3）COD 值大于 50 mg/L，用 0.25 mol/L 重铬酸钾氧化，用 0.1 mol/L 硫酸亚铁铵标准溶液回滴；COD 值为 0～50 mg/L，用 0.025 mol/L 重铬酸钾氧化，用 0.01 mol/L 硫酸亚铁铵标准溶液回滴。

（4）滴定终点颜色变化由黄色经蓝绿色至红褐色。

（5）重铬酸钾法测定 COD 适用于工业废水。

2. 其他方法

测定 COD 除重铬酸钾法，还可用在酸性高锰酸钾法和重铬酸钾法基础上建立起来的氧化还原电位滴定法和库仑滴定法，配以自动化的检测系统制成的 COD 测定仪测定。目前 COD 测定仪广泛应用于水质 COD 的连续监测。

（1）氧化还原电位滴定法。水样被自动输入到检测水槽与硫酸溶液、硫酸银溶液及高锰酸钾溶液经自动计量后，被自动输送到氧化还原反应槽，温度调节器将水浴温度自动调节到沸点，反应 30 min 立即准确注入 10 mL 草酸标准溶液，终止氧化反应。过量的草酸以高锰酸钾溶液回滴，用电位差计测定指示电极和饱和甘汞电极之间的电位差，以确定反应终点，求出高锰酸钾标准溶液的消耗量，用反应终点指示器将其滴定耗去的容量转化为电信号，经运算回路变为 COD 值。由自动记录仪记录。

（2）恒电流库仑分析法。水样与 0.05 mol/L 高锰酸钾混合后在沸水浴中反应 30 min，在反应完成的溶液中加入 Fe^{3+}，将恒电流电解产生的 Fe^{2+} 作为库仑滴定剂，与溶液中剩余的高锰酸钾反应，当反应达到终点时，电解停止。由电流与时间可知电解所消耗电量。根据法拉第定律，求出剩余的高锰酸钾的量，计算出高锰酸钾的实际用量，并换算为 COD 值而显示读数。

（3）闭管回流分光光度分析法。在酸性介质中，恒温闭管回流一段时间，使试样中还原性物质被重铬酸钾氧化，同时铬由六价还原至三价。试样中 COD 与三价铬离子的浓度成正比，在波长 600 nm 处测定试样吸光度，即可计算出水样的 COD。如分光光度计具有浓度直读功能，可直接从仪器上读出 COD 值。

4.4.1.2 化学需氧量的测定实验

1. 实验内容及目的

（1）掌握蒸馏冷凝回流装置的使用。

（2）掌握硫酸亚铁铵的标定。

（3）熟练使用滴定管。

2. 原理

在强酸性溶液中，准确加入过量的重铬酸钾标准溶液，加热回流，将水样中还原性物质（主要是有机物）氧化，过量的重铬酸钾以试亚铁灵作指示剂，用硫酸亚铁铵标准溶液回滴，根据所消耗的重铬酸钾标准溶液量计算水样的化学需氧量。

3. 仪器

（1）500 mL 全玻璃回流装置。

（2）加热装置（电炉）。

（3）25 mL 或 50 mL 酸式滴定管、锥形瓶、移液管、容量瓶等。

4. 试剂

（1）重铬酸钾标准溶液[$c(1/6K_2Cr_2O_7)=0.250\ 0$ mol/L]；称取预先在 120 ℃ 烘干 2 h 的基准或优质纯重铬酸钾 12.258 g 溶于水中，移入 1 000 mL 容量瓶，稀释至标线，摇匀。

（2）试亚铁灵指示液：称取 1.485 g 邻菲啰啉、0.695 g 硫酸亚铁溶于水中，稀释至 100 mL，储于棕色瓶内。

（3）硫酸亚铁铵标准溶液：称取 39.5 g 硫酸亚铁铵溶于水中，边搅拌边缓慢加入 20 mL 浓硫酸，冷却后移入 1 000 mL 容量瓶中，加水稀释至标线，摇匀。临用前，用重铬酸钾标准溶液标定。

标定方法：准确吸取 10.00 mL 重铬酸钾标准溶液于 500 mL 锥形瓶中，加水稀释至 110 mL 左右，缓慢加入 30 mL 浓硫酸，混匀。冷却后，加入 3 滴试亚铁灵指示液（约 0.15 mL），用硫酸亚铁铵溶液滴定，溶液的颜色由黄色经蓝绿色至红褐色即终点。

$$c=0.250\ 0\times10.00/V \qquad (4\text{-}11)$$

式中　c——硫酸亚铁铵标准溶液的浓度，mol/L；

　　　V——硫酸亚铁铵标准溶液的用量，mL。

（4）硫酸-硫酸银溶液：于 500 mL 浓硫酸中加入 5 g 硫酸银。放置 1～2 d，不时摇动使其溶解。

（5）硫酸汞：结晶或粉末。

5. 测定步骤

（1）取 20.00 mL 混合均匀的水样（或适量水样稀释至 20.00 mL）置于 250 mL 磨口的回流锥形瓶中，准确加入 10.00 mL 重铬酸钾标准溶液及数粒小玻璃珠或沸石，连接磨口回流冷凝管，从冷凝管上口慢慢地加入 30 mL 硫酸-硫酸银溶液，轻轻摇动锥形瓶使溶液混匀，加热回流 2 h（自开始沸腾时计时）。

对于化学需氧量高的废水样，可先取上述操作所需体积 1/10 的废水样和试剂于 15 mm×150 mm 硬质玻璃试管中，摇匀，加热后观察是否成绿色。如溶液显绿色，再适当减少废水取样量，直至溶液不变绿色为止，从而确定废水样分析时应取用的体积。稀释时，所取废水样量不得少于 5 mL，如果化学需氧量很高，则废水样应多次稀释。废水中氯离子含量超过 30 mg/L 时，应先把 0.4 g 硫酸汞加入回流锥形瓶中，再加 20.00 mL 废水（或适量废水稀释至 20.00 mL），摇匀。

（2）冷却后，用 90 mL 水冲洗冷凝管壁，取下锥形瓶。溶液总体积不得少于 140 mL，否则因酸度太大，滴定终点不明显。

（3）溶液再度冷却后，加 3 滴试亚铁灵指示液，用硫酸亚铁铵标准溶液滴定，溶液的颜色由黄色经蓝绿色至红褐色即达终点，记录硫酸亚铁铵标准溶液的用量。

（4）测定水样的同时，取 20.00 mL 重蒸馏水，按同样操作步骤作空白试验。记录滴定空白时硫酸亚铁铵标准溶液的用量。

6. 计 算

$$COD（O_2，mg/L）=（V_0-V_1）c\times 8\times 1\ 000/V \qquad （4-12）$$

式中 c——硫酸亚铁铵标准溶液的浓度，mol/L；

$\quad V_0$——滴定空白时硫酸亚铁铵标准溶液用量，mL；

$\quad V_1$——滴定水样时硫酸亚铁铵标准溶液用量，mL；

$\quad V$——水样的体积，mL；

$\quad 8$——氧（1/20）摩尔质量，g/mol。

7. 注意事项

使用 0.4 g 硫酸汞络合氯离子的最高量可达 40 mg，如取用 20.00 mL 水样，即最高可络合 2 000 mg/L 氯离子浓度的水样。若氯离子的浓度较低，也可少加硫酸汞，使保持硫酸汞∶氯离子=10∶1（W/W）。若出现少量氯化汞沉淀，并不影响测定。

水样取用体积可在 10.00～50.00 mL 范围内，但试剂用量及浓度需按表 4-4 进行相应调整，也可得到满意的结果。

表 4-4　水样取用量和试剂用量

水样体积（mL）	0.250 0 mol/L $K_2Cr_2O_7$ 溶液（mL）	H_2SO_4-Ag_2SO_4 溶液（mL）	$HgSO_4$（g）	$[(NH_4)_2Fe(SO_4)_2]$（mol/L）	滴定前总体积（mL）
10.0	5.0	15	0.2	0.050	70
20.0	10.0	30	0.4	0.100	140
30.0	15.0	45	0.6	0.150	210
40.0	20.0	60	0.8	0.200	280
50.0	25.0	75	1.0	0.250	350

（1）对于化学需氧量小于 50 mg/L 的水样，应改用 0.025 0 mol/L 重铬酸钾标准溶液。回滴时用 0.01 mol/L 硫酸亚铁铵标准溶液。

（2）水样加热回流后，溶液中重铬酸钾剩余量应为加入量的 1/5～4/5 为宜。

（3）用邻苯二甲酸氢钾标准溶液检查试剂的质量和操作技术时，由于每克邻苯二甲酸氢钾的理论 COD 为 1.176 g，所以溶解 0.425 1 g 邻苯二甲酸氢钾于重蒸馏水中，转入 1 000 mL 容量瓶，用重蒸馏水稀释至标线，使之成为 500 mg/L 的 COD_{cr} 标准溶液。用时新配。

COD 的测定结果应保留三位有效数字。

每次试验时,应对硫酸亚铁铵标准滴定溶液进行标定,室温较高时尤其注意其浓度。

8. 考核要求

（1）硫酸亚铁铵溶液的标定。

（2）滴定管的使用。

（3）样品的预处理。

4.4.2　高锰酸盐指数的测定

高锰酸盐指数是指在一定条件下,以高锰酸钾为氧化剂氧化水样中的还原性物质所消耗的高锰酸钾的量,以氧的 mg/L 来表示。

高锰酸盐指数的测定原理:水样在碱性或酸性条件下,加入一定量高锰酸钾溶液,沸水中加热 30 min（以氧化水中的有机物）,剩余的高锰酸钾溶液以过量草酸钠滴定,过量的草酸钠再用高锰酸钾溶液滴定,从而计算出高锰酸盐指数。

（1）国际标准化组织建议高锰酸盐指数仅限于测定地表水、饮用水和生活污水。

（2）高锰酸盐指数按介质不同,分为酸性高锰酸钾法和碱性高锰酸钾法。氯离子含量不超过 300 mg/L 时,采用酸性高锰酸钾法;超过 300 mg/L 时,采用碱性高锰酸钾法。

4.4.3　生化需氧量（BOD）的测定

4.4.3.1　生化需氧量（BOD）的测定方法

生化需氧量是指在溶解氧充足的条件下,好氧微生物分解水中有机物的生物化学氧化过程中所消耗的溶解氧的量,以氧的 mg/L 表示。好氧微生物分解水中有机物的同时,也会因氧化硫化物、亚铁等还原性无机物质消耗溶解氧,但这部分溶解氧所占比例很小。

水体要发生生物化学过程必须具备的三个条件:① 好氧微生物;② 足够的溶解氧;③ 能被微生物利用的营养物质。

有机物在微生物作用下的好氧分解分为两个阶段。

第一阶段称为碳化阶段,主要是含碳有机物氧化为二氧化碳和水,完成碳化阶段在 20 ℃ 大约需 20 d。

第二阶段称为硝化阶段,主要是含氮有机化合物在硝化菌的作用下分解为亚硝酸盐和硝酸盐,完成硝化阶段在 20 ℃ 下大约需 100 d。

这两个阶段同时进行,但各有主次。微生物分解有机物是一个缓慢的过程。一般在碳化阶段开始 5～10 d 后,硝化阶段才刚刚开始。目前国内外广泛采用（20±1）℃ 培养 5 d 所消耗的溶解氧的量,即 BOD_5。

BOD_5 是反映水体被有机物污染程度的综合指标,也是研究污水的可生化降解性和生化处理效果,以及生化处理污水工艺设计和动力学研究中的重要参数。

1. 稀释接种法（五日培养法）

稀释接种法测 BOD_5 原理：取两份水样，一份测其当时的溶解氧；另一份在（20±1）℃下培养 5 d 后，再测溶解氧，两者之差即 BOD_5。对溶解氧含量高、有机物含量较少的地面水，即水样的 BOD_5 未超过 7 mg/L，则不必进行稀释，可直接测定。

2. 其他方法

目前测定 BOD 值常采用 BOD 测定仪，它具有操作简单、重现性好的特点，并可直接读取 BOD 值。

（1）检压库仑式 BOD 测定仪。在密闭系统中，微生物分解有机物所消耗的氧气量用电解产生的氧气补给，从电解所需的氧气量来求得氧的消耗量，仪器自动显示测定结果，记录生化需氧量曲线。

（2）测压法。在密闭系统中，微生物分解有机物消耗溶解氧会引起气压的变化，通过测定气压的变化，即可得出水样的 BOD 值。

（3）微生物电极法。用微生物电极求得微生物分解有机物消耗溶解氧量，仪器经标准 BOD 物质溶液校准后，可直接显示被测溶液的 BOD 值，并在 20 min 内完成一个水样的测定。

除上述测定方法外，还有活性污泥法、相关估算法等。

4.4.3.2　生化需氧量（BOD）的测定实验

1. 实验内容和目的

（1）熟练掌握氧化还原滴定过程中滴定管的使用。
（2）掌握溶解氧固定过程中药品的添加、移液管的使用。
（3）掌握对于各种不同水质下稀释水的配置。

2. 原理

生化需氧量是指在有溶解氧的条件下，好氧微生物分解水中有机物的生物化学过程中消耗溶解氧的量。分别测定水样培养前的溶解氧含量和在（20±1）℃培养 5 d 后的溶解氧含量，二者之差即五日生化过程所消耗的氧量（BOD_5）。

对于某些地面水及大多数工业废水、生活污水，因含较多的有机物，需要稀释后再培养测定，以降低其浓度，保证降解过程在有足够溶解氧的条件下进行。其具体水样稀释倍数可借助于高锰酸钾指数或化学需氧量（COD_{cr}）推算。

对于不含或少含微生物的工业废水，在测定 BOD_5 时应进行接种，以引入能分解废水中有机物的微生物。当废水中存在难以被一般生活污水中的微生物以正常速度降解的有机物或含有剧毒物质时，应接种经过驯化的微生物。

3. 仪器

（1）恒温培养箱。

（2）5～20 L 细口玻璃瓶。

（3）1 000～2 000 mL 量筒。

（4）玻璃搅棒：棒长应比所用量筒高度长 20 cm。在棒的底端固定一个直径比量筒直径略小，并且带有几个小孔的硬橡胶板。

（5）溶解氧瓶：200～300 mL，带有磨口玻璃塞并具有供水封用的钟形口。

（6）虹吸管：供分取水样和添加稀释水用。

4. 试剂

（1）磷酸盐缓冲溶液：将 8.5 g 磷酸二氢钾（KH_2PO_4）、21.75 g 磷酸氢二钾（K_2HPO_4）、33.4 g 磷酸氢二钠（$Na_2HPO_4 \cdot 7H_2O$）和 1.7 g 氯化铵（NH_4Cl）溶于水中，稀释至 1 000 mL。此溶液的 pH 应为 7.2。

（2）硫酸镁溶液：将 22.5 g 硫酸镁（$MgSO_4 \cdot 7H_2O$）溶于水中，稀释至 1 000 mL。

（3）氯化钙溶液：将 27.5 g 无水氯化钙溶于水，稀释至 1 000 mL。

（4）氯化铁溶液：将 0.25 g 氯化铁（$FeCl_3 \cdot 6H_2O$）溶于水，稀释至 1 000 mL。

（5）盐酸溶液（0.5 mol/L）：将 40 mL（ρ =1.18 g/mL）盐酸溶于水，稀释至 100 mL。

（6）氢氧化钠溶液（0.5 mol/L）：将 20 g 氢氧化钠溶于水，稀释至 1 000 mL。

（7）亚硫酸钠溶液（$1/2Na_2SO_4$=0.025 mol/L）：将 1.575 g 亚硫酸钠溶于水中，稀释至 1 000 mL。此溶液不稳定，需每天配制。

（8）葡萄糖-谷氨酸标准溶液：将葡萄糖（$C_6H_{12}O_6$）和谷氨酸（$HOOC—CH_2—CH_2—CHNH_2—COOH$）在 103 ℃下干燥 1 h 后，各称取 150 mg 溶于水中，移入 1 000 mL 容量瓶内并稀释至标线，混合均匀。此标准溶液临用前配制。

（9）稀释水：在 5～20 L 玻璃瓶内装入一定量的水，控制水温在 20 ℃ 左右。然后用无油空气压缩机或薄膜泵，将此水曝气 2～8 h，使水中的溶解氧接近于饱和，也可以鼓入适量纯氧。瓶口盖两层经洗涤晾干的纱布，置于 20 ℃ 培养箱中放置数小时，使水中溶解氧含量达 8 mg/L 左右。临用前于每升水中加入氯化钙溶液、氯化铁溶液、硫酸镁溶液、磷酸盐缓冲溶液各 1 mL，并混合均匀。

稀释水的 pH 应为 7.2，其 BOD_5 应小于 0.2 mg/L。

（10）接种液：可选用以下任一方法，以获得适合的接种液。

① 城市污水：一般采用生活污水，在室温下放置一昼夜，取上层清液供用。

② 表层土壤浸出液：取 100 g 花园土壤或植物生长土壤，加入 1 L 水，混合并静置 10 min，取上清液供使用。

③ 用含城市污水的河水或湖水。

④ 污水处理厂的出水。

当分析含有难以降解物质的废水时，在排污口下游 3 km～8 km 处取水样作为废水的驯化接种液。如无此种水源，可取中和或经适当稀释后的废水进行连续曝气，每天加入少量该种废水，同时加入适量表层土壤或生活污水，使能适应该种废水的微生物大量繁殖。当水中出现大量絮状物，或检查其化学需氧量的降低值出现突变时，表明适用的微生物已进行繁殖，可用作接种液。一般驯化过程需要 3~8 d。

（11）接种稀释水：取适量接种液，加入稀释水中，混匀。每升稀释水中接种液加入量如下：生活污水为 1~10 mL，表层土壤浸出液为 20~30 mL，河水、湖水为 10~100 mL。

接种稀释水的 pH 应为 7.2，BOD_5 以 0.3~1.0 mg/L 为宜。接种稀释水配制后应立即使用。

5. 测定步骤

1）水样的预处理

（1）水样的 pH 若不在 6.5~7.5 内，可用盐酸或氢氧化钠稀溶液调节至 7 左右，但用量不要超过水样体积的 0.5%。若水样的酸度或碱度很高，可改用高浓度的碱或酸液进行中和。

（2）水样中含有铜、铅、锌、镉、铬、砷、氰等有毒物质时，可使用经驯化的微生物接种液的稀释水进行稀释，或增大稀释倍数，以减小毒物的浓度。

（3）含有少量游离氯的水样，一般放置 1~2 h，游离氯即可消失。对于游离氯在短时间不能消散的水样，可加入亚硫酸钠溶液，以除去之。其加入量的计算方法是：取中和好的水样 100 mL，加入（1+1）乙酸 10 mL，10%（m/y）碘化钾溶液 1 mL，混匀。以淀粉溶液为指示剂，用亚硫酸钠标准溶液滴定游离碘。根据亚硫酸钠标准溶液消耗的体积及其浓度，计算水样中所需加亚硫酸钠溶液的量。

（4）从水温较低的水域中采集的水样，可遇到含有过饱和溶解氧，此时应将水样迅速升温至 20 ℃ 左右，充分振摇，以赶出过饱和的溶解氧。从水温较高的水域或废水排放口取得的水样，应迅速使其冷却至 20 ℃ 左右，并充分振摇，使其与空气中氧分压接近平衡。

2）水样的测定

（1）不经稀释水样的测定。溶解氧含量较高、有机物含量较少的地面水，可不经稀释，而直接以虹吸法将约 20 ℃ 的混匀水样转移至两个溶解氧瓶内，转移过程中应注意不使其产生气泡。以同样的操作使两个溶解氧瓶充满水样，加塞水封。立即测定其中一瓶溶解氧。将另一瓶放入培养箱中，在（20±1）℃ 培养 5 d 后，测其溶解氧。

（2）需经稀释水样的测定。稀释倍数的确定：地面水可由测得的高锰酸盐指数乘以适当的系数求出稀释倍数（见表4-5）。

表 4-5　稀释倍数

高锰酸钾指数（mg/L）	系　　数	高锰酸钾指数（mg/L）	系　　数
<5	—	10~20	0.4、0.6
5~10	0.2、0.3	>20	0.5、0.7、1.0

工业废水可由重铬酸钾法测得的 COD 值确定。通常需作三个稀释比，即使用稀释

水时，由 COD 值分别乘以系数 0.075、0.15、0.225，即获得三个稀释倍数；使用接种稀释水时，则分别乘以 0.075、015 和 0.25，获得三个稀释倍数。稀释倍数确定后按下列方法之一测定水样。

① 一般稀释法：按照选定的稀释比例，用虹吸法沿筒壁先引入部分稀释水（或接种稀释水）于 1 000 mL 量筒中，加入需要量的均匀水样；再引入稀释水（或接种稀释水）至 800 mL，用带胶板的玻璃棒小心上下搅匀。搅拌时勿使搅棒的胶板露出水面，防止产生气泡。按不经稀释水样的测定步骤，进行装瓶，测定当天溶解氧和培养 5 d 后的溶解氧含量。另取两个溶解氧瓶，用虹吸法装满稀释水（或接种稀释水）作为空白，分别测定 5 d 前后的溶解氧含量。

② 直接稀释法：直接稀释法是指在溶解氧瓶内直接稀释。在已知两个容积相同（其差小于 lmL）的溶解氧瓶内，用虹吸法加入部分稀释水（或接种稀释水），再加入根据瓶容积和稀释比例计算出的水样量，然后引入稀释水（或接种稀释水）至刚好充满，加塞，勿留气泡于瓶内。其余操作与上述稀释法相同。

在 BOD_5 测定中，一般采用叠氮化钠改良法测定溶解氧。如遇干扰物质，则应根据具体情况采用其他测定法。

6. 计算

不经稀释直接培养的水样。

$$BOD_5（mg/L）=c_1 - c_2 \tag{4-13}$$

式中　c_1——水样在培养前的溶解氧浓度，mg/L；

　　　c_2——水样经 5 d 培养后，剩余溶解氧浓度，mg/L。

经稀释后培养的水样。

$$BOD_5（mg/L）=[(c_1 - c_2) - (B_1 - B_2)/f_1]/f_2$$

式中　B_1——稀释水（或接种稀释水）在培养前的溶解氧浓度，mg/L；

　　　B_2——稀释水（或接种稀释水）在培养后的溶解氧浓度，mg/L；

　　　f_1——稀释水（或接种稀释水）在培养液中所占比例；

　　　f_2——水样在培养液中所占比例。

7. 注意事项

（1）测定一般水样的 BOD_5 时，硝化作用很不明显或根本不发生。但对于生物处理池出水，则含有大量硝化细菌。因此，在测定 BOD_5 时也包括了部分含氮化合物的需氧量。对于这种水样，如只需测定有机物的需氧量，则应加入硝化抑制剂，如烯丙基硫脲（ATU，$C_4H_8N_2S$）等。

（2）在两个或三个稀释比的样品中，凡消耗溶解氧大于 2 mg/L 和剩余溶解氧大于 1 mg/L 都有效，计算结果时，应取平均值。

（3）为检查稀释水和接种液的质量，以及化验人员的操作技术，可将 20 mL 葡萄糖-谷氨酸标准溶液用接种稀释水稀释至 1 000 mL，测其 BOD_5，其结果应为 180～230 mg/L。否则，应检查接种液、稀释水或操作技术是否存在问题。

8. 考核要求

（1）各种实验操作过程。

（2）实验的原理和方法。

4.4.4 总有机碳（TOC）

总有机碳（TOC）是以碳的含量表示水体中有机物质总量的综合指标。由于 TOC 的测定采用燃烧法，因此能将有机物全部氧化，它比 BOD_5 或 COD 更能直接表示有机物的总量。因此，TOC 常被用来评价水体中有机物污染的程度。

近年来，国内外已研制成各种 TOC 分析仪。按工作原理不同，可分为燃烧氧化-非分散红外吸收法、电导法、气相色谱法、湿法氧化-非分散红外吸收法等。目前广泛采用燃烧氧化-非分散红外吸收法。

燃烧氧化-非分散红外吸收法测定 TOC 的原理是将一定量水样注入高温炉内的石英管，在 900～950 °C 温度下，以铂和三氧化二铬为催化剂，使有机物燃烧裂解转化为 CO_2，然后用红外线气体分析仪测定 CO_2 含量，从而确定水样中碳的含量。因为在高温下，水样中的碳酸盐也分解产生 CO_2，故上面测得的为水样中的总碳（TC）。

为获得有机碳含量，可采用以下两种方法。

（1）直接测定法。将水样预先酸化，通入氮气曝气，驱除各种碳酸盐分解生成二氧化碳后注入仪器测定。但由于在曝气过程中会造成水样中挥发性有机物质的损失而产生测定误差，所以所测结果只是不可吹出的有机碳含量。

（2）间接测定法。使用高温炉和低温炉皆有的 TOC 测定仪。将同样等量的水样分别注入高温炉（900 °C）和低温炉（150 °C）中。高温炉水样中的有机碳和无机碳均转化为 CO_2，而低温炉的石英管中装有磷酸浸泡的玻璃棉，能使无机碳酸盐在 150 °C 分解为 CO_2，有机物却不能被分解氧化。将高、低温炉中生成的 CO_2 依次导入非色散红外气体分析仪。由于一定波长的红外线被 CO_2 选择吸收，在一定浓度范围内 CO_2 对红外线吸收的强度与 CO_2 的浓度成正比，所以可对水样总碳（TC）和无机碳（IC）进行定量测定。总碳（TC）和无机碳（IC）的差值，即总有机碳（TOC）。TOC 分析仪测定流程如图 4-1 所示。

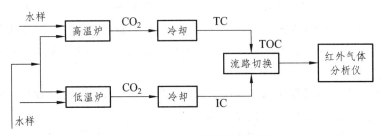

图 4-1 TOC 分析仪测定流程

此方法的检测限为 0.5 mg/L，测定上限浓度为 400 mg/L。若变换仪器灵敏度档次，可继续测定大于 400 mg/L 的高浓度样品。

4.4.5　总需氧量（TOD）

总需氧量（TOD）是指水中能被氧化的物质，主要是有机物质在燃烧中变成稳定的氧化物时所需要的氧量，以氧的 mg/L 来表示。它是衡量水体中有机物的污染程度的一项指标。

总需氧量常用 TOD 测定仪来测定。TOD 测定原理是将一定量水样注入装有铂催化剂的石英燃烧管中，通入含已知氧浓度的载气（氮气）作为原料气，水样中的还原性物质在 900 °C 下被瞬间燃烧氧化。测定燃烧前后原料气中氧浓度的减少量，即可求出水样的总需氧量。TOD 值能反映几乎全部有机物质经燃烧后变成 CO_2、H_2O、NO、SO_2 等所需的氧量，它比 BOD_5、COD 和高锰酸盐指数更接近于理论需氧量值。

TOD 和 TOC 的比例关系可用来粗略判断水样中有机物的种类。对于含碳化合物，因为一个碳原子消耗两个氧原子，即 $O_2/C=2.67$，因此从理论上说，$TOD=2.67 TOC$。若某水样的 TOD/TOC 约等于 2.67，可认为主要是含碳有机物；若 TOD/TOC > 4.0，则应考虑水中有较大量的含 S、P 的有机物存在；若 TOD/TOC<2.6，则可能含有较大量的硝酸盐和亚硝酸盐，它们在高温和催化条件下分解放出氧气，使 TOD 的测定出现负误差。

BOD_5、COD 和 TOD 之间没有固定的相关关系，具体比值取决于实际废水水质。

4.4.6　挥发酚类的监测

酚类为原生质毒，属高毒物质。人体摄入一定量时，可出现急性中毒症状，长期饮用被酚污染的水，可引起头昏、出疹、瘙痒、贫血及各种神经系统症状。水中含低浓度（0.1～0.2 mg/L）酚类时，鱼肉有异味；含高浓度（高于 5 mg/L）酚类时，鱼类会中毒死亡。用含酚浓度高的废水灌溉农田，会使农作物减产或枯死。

常根据酚的沸点、挥发性不同和能否与水蒸气一起蒸出，分为挥发酚和不挥发酚。通常认为沸点在 230 °C 以下的为挥发酚，一般为一元酚；沸点在 230 °C 以上的为不挥发酚。酚的主要污染源有煤气洗涤、炼焦、合成氨、造纸、木材防腐和化工行业排出的工业废水。中国规定的各种水质指标中，酚类指标指的是挥发性酚，测定的结果均以苯酚（C_6H_5OH）表示。

测定水中酚的方法很多，较经典的方法有容量法、分光光度法和气相色谱法；近年发展起来的方法还有酚氧化酶生物传感器法、示波极谱法、荧光光谱法、原子吸收光谱法等。

但常用的方法只有溴化容量法、4-氨基安替比林比色法，这也是中国规定的标准检验方法。

1. 水样预处理

（1）蒸馏法。取 250 mL 水样于 500 mL 全玻蒸馏器中，用磷酸调至 pH<4，以甲基

橙作为指示剂，使水样由橘黄色变成橙红色，加入 5% $CuSO_4$ 溶液 5 mL（采样时已加可略去此操作），加热蒸馏，用内装 10 mL 蒸馏水的 250 mL 容量瓶收集（冷凝管插入液面以下），待蒸馏出 200 mL 左右时，停止加热，稍冷后再向蒸馏瓶中加入蒸馏水 50 mL，继续蒸馏，直至收集 250 mL 为止。

水样预蒸馏的目的是分离出挥发酚和消除颜色、浑浊和金属离子的干扰。当水样中存在氧化剂、还原剂和油类等干扰物时，应在蒸馏前去除。

（2）吸附树脂富集法。吸附树脂富集法是近十几年来发展起来的用于测酚水样分离富集酚的一种新方法，它具有吸附容量大、吸附-解吸的可逆性好及富集倍率高的特点。该法富集倍率达到 100 倍，配合分光光度法检测，检测限可达到 0.002 mg/L。

2. 溴化容量法

溴化容量法测酚的原理是取一定量的水样，加入过量溴化剂（$KBrO_3$ 和 KBr），剩余的溴与加入的碘化钾溶液反应生成碘，以淀粉为指示剂，用标准 $Na_2S_2O_3$ 溶液滴定生成的碘，同时做空白。根据标准 $Na_2S_2O_3$ 溶液消耗的体积计算出以苯酚计的挥发酚含量。

溴化容量法测酚适用于含酚浓度高的各种污水，尤其适用于车间排污口或未经处理的总排污口废水。

3. 4-氨基安替比林比色法

4-氨基安替比林比色法测酚的原理是酚类化合物在 pH<（10±0.2）和铁氰化钾存在的条件下，与 4-氨基安替比林反应，生成橙红色的吲哚安替比林染料，于波长 510 nm 处测定吸光度（若用氯仿萃取此染料，有色溶液可稳定 3 h，可于波长 460 nm 处测定吸光度），求出水样中挥发酚的含量。

4-氨基安替比林比色法测酚的最低检出浓度（用 20 nm 的比色皿时）为 0.1 mg/L，萃取后，用 30 nm 比色皿时，最低检出浓度为 0.002 mg/L，测定上限为 0.12 mg/L。该法适用于各类污水中酚含量的测定。

4.4.7 石油类的测定

石油类漂浮于水体表面，直接影响空气与水体界面之间的氧交换。分散于水体中的油常被微生物氧化分解，而消耗水中的溶解氧，使水质恶化。另外，矿物油中还含有毒性大的芳烃类。矿物油的主要污染源有工业废水和生活污水，工业废水的石油类（各种烃的混合物）污染物主要来自原油开采、加工运输、使用及炼油企业等。

石油类的测量方法有称量法、非色散红外法、紫外分光光度法、荧光法、比浊法等。

1. 称量法

称量法测定石油类的原理是取一定量的水样，加硫酸酸化，用石油醚萃取矿物油，然后蒸发除去石油醚，称量残渣质量，计算出矿物油的含量。

称量法测石油类适用于含 10 mg/L 以上的石油类水样，不受油种类的限制。

2. 非色散红外法

非色散红外法测石油类的原理：非色散红外法属于红外吸收法。利用石油类物质的甲基（$-CH_3$）、亚甲基（$-CH_2$）在近红外（3.4 μm）有特征吸收，作为测定水样中油含量的基础。标准油采用受污染地点水中石油醚萃取物。根据原油组分特点，也可采用混合石油烃作为标准油，其组分为：十六烷∶异辛烷苯=25∶10（体积）。测定时先用硫酸将水样酸化、加氯化钠破乳化，再用三氯三氟乙烷萃取，萃取液经过无水硫酸钠过滤、定容，注入红外油分析直接读取油含量。

非色散红外法测石油类适用范围 0.1～200 mg/L 的含油水样。

3. 紫外分光光度法

紫外分光光度法测石油类的原理：石油及产品在紫外光区有特征吸收。带有苯环的芳香族化合物的主要吸收波长为 250～260 nm；带有共轭双键的化合物主要吸收波长为 215～230 nm；一般原油的两个吸收波长为 225 nm；原油与重质油可选 254 nm，轻质油及炼油厂的油品可选择 225 nm。水样用硫酸酸化，加氯化钠破乳化，然后用石油醚萃取物，用紫外分光光度法定量。紫外分光光度法的适用范围为含 0.05～50 mg/L 石油类的水样。

4.4.8　阴离子洗涤剂的监测

阴离子洗涤剂主要指直链烷基苯磺酸钠和烷基磺酸钠类物质。洗涤剂的污染会造成水面产生不易消失的泡沫，并消耗水中的溶解氧。

水中阴离子洗涤剂的测定方法，常用的是亚甲蓝分光光度法。

亚甲蓝分光光度法的原理：阴离子染料亚甲蓝与阴离子表面活性剂（包括直链烷基苯磺酸钠、烷基磺酸钠和脂肪醇硫酸钠）作用，生成蓝色的离子对化合物，这类能与亚甲蓝作用的物质统称亚甲蓝活性物质（MBAS）。生成的显色物可被三氯甲烷萃取，其色度与浓度成正比，并可用分光光度计在波长 652 nm 处测量三氯甲烷层的吸光度。

亚甲蓝分光光度法适用于测定饮用水、地面水、生活污水及工业废水中溶解态的低浓度亚甲蓝活性物质，亦即阴离子表面活性物质。在实验条件下，主要被测物是直链烷基苯磺酸钠（LAS）、烷基磺酸钠和脂肪醇硫酸钠。但亦可由于含有能与亚甲蓝起显色反应并被三氯甲烷萃取的物质而产生一定的干扰。当采用 10 mm 比色皿、试样为 100 mL 时，本法的最低检出浓度为 0.050 mg/L LAS，检测上限为 2.0 mg/L LAS。

4.5　生物学指标的测定

4.5.1　细菌总数的测定

细菌总数是指 1 mL 水样在营养琼脂培养基中，于 37 ℃温度下经 24 h 培养后，所生长的细菌菌落的总数。它是判断饮用水、水源水、地表水等污染程度的标志。

细菌总数的主要测定程序如下。

（1）用作细菌检验的器皿、培养基等均需按方法要求进行灭菌，以保证所检出的细菌皆属被测水样所有。

（2）制备营养琼脂培养基。

（3）以无菌操作方法用 1 mL 灭菌吸管吸取混合均匀的水样（或稀释水样）注入灭菌平皿中，倾注约 15 mL 已融化并冷却到 45 ℃ 左右的营养琼脂培养基，并旋摇平皿使其混合均匀。每个水样应做两份，还应另用一个平皿只倾注营养琼脂培养基作空白对照。待琼脂培养基冷却凝固后，翻转平皿，置于 37 ℃ 恒温箱内培养 24 h，然后进行菌落计数。

（4）用肉眼或借助放大镜观察，对平皿中的菌落进行计数，求出 1 mL 水样中的平均菌落数。报告菌落计数时，若菌落数在 100 以内，按实际有效数字报告；若大于 100 时，采用两位有效数字，用 10 的指数来表示。例如，菌落总数为 37 750 个/mL，记作 3.8×10^4 个/mL。

4.5.2　总大肠菌群的测定

4.5.2.1　总大肠菌群的测定方法

粪便中存在大量的大肠菌群细菌，其在水体中存活时间和对氯的抵抗力等与肠道致病菌，如沙门氏菌、志贺氏菌等相似，因此将总大肠菌群作为粪便污染的指示菌是合适的。但在某些水质条件下，大肠菌群细菌在水中能自行繁殖。

总大肠菌群是指那些能在 35 ℃、48 h 之内使乳糖发酵产酸、产气、需氧及兼性厌氧的、革兰氏阴性的无芽孢杆菌，以每升水中所含有的大肠菌群的数目表示。

总大肠菌群的检验方法有发酵法和滤膜法。

发酵法可用于各种水样（包括底泥），但操作较烦琐，费时间。滤膜法操作简便、快速，但不适用于浑浊水样。因为这种水样常会把滤膜堵塞，异物也可能干扰菌种生长。

1. 多管发酵法

多管发酵法是根据大肠菌群细菌能发酵乳糖、产酸产气以及具备革兰氏染色阴性、无芽孢、呈杆状等特性进行检验的。

2. 滤膜法

将水样注入已灭菌、放有微孔滤膜（孔径 0.45 pm）的滤器中抽滤，细菌被截留在膜上，将该滤膜贴于品红亚硫酸钠培养基上，37 ℃ 恒温培养 24 h，对符合发酵法所述特征的菌落进行涂片、革兰氏染色和镜检。凡属革兰氏阴性无芽孢杆菌者，再接种于乳糖蛋白胨培养液或乳糖蛋白胨半固体培养基中，在 37 ℃ 恒温条件下，前者经 24 h 培养产酸产气者，或后者经 6～8 h 培养产气者，则判定为总大肠菌群阳性。

由滤膜上生长的大肠菌群菌落总数和所取过滤水样量，按式（4-15）计算 1 L 水中总大肠菌群数：

$$总大肠菌群数/L = \frac{所计数的大肠杆菌菌落数 \times 1000}{过滤水样量(mL)} \tag{4-15}$$

4.5.2.2　总大肠菌群的测定实验——多管发酵法

1. 实验原理

多管发酵是根据大肠菌群细菌能发酵乳糖、产酸产气以及具备革兰氏染色阴性、无芽孢、呈杆状等有关特性，通过三个步骤进行检验，以求得水样中的总大肠菌群数。

多管发酵法是以最可能数（Most Probable Number，简称 MPN）来表示试验结果的。实际上它是根据统计学理论，估计水体中的大肠杆菌密度和卫生质量的一种方法。如果从理论上考虑，并且进行大量的重复检定，可以发现这种估计有大于实际数字的倾向。不过只要每一稀释度试管重复数目增加，这种差异便会减少，对于细菌含量的估计值，大部分取决于那些既显示阳性又显示阴性的稀释度。因此在实验设计上，水样检验所要求重复的数日，要根据所要求数据的准确度而定。

2. 培养基

（1）乳糖蛋白胨培养液。

（2）三倍乳糖蛋白胨培养液。

（3）品红亚硫酸钠培养基。

（4）伊红美蓝培养基。

3. 步骤

1）生活饮用水

（1）初发酵试验：在两个装有已灭菌的 50 mL 三倍浓缩乳糖蛋白胨培养液的大试管或烧瓶中（内有倒管），以无菌操作各加入已充分混匀的水样 100 mL；在 10 支装有已灭菌的 5 mL 三倍浓缩乳糖蛋白胨培养液的试管中（内有倒管），以无菌操作加入充分混匀的水样 10 mL，混匀后置于 37 ℃ 恒温箱培养 24 h。

（2）平板分离：经初发酵试验培养 24 h 后，发酵试管颜色变黄为产酸，小玻璃倒管内有气泡为产气，将产酸产气发酵管分别用接种环划线接种于品红亚硫酸钠培养基或伊红美蓝培养基上，置 37 ℃ 恒温箱内培养 18～24 h，挑选符合下列特征的菌落，取菌落的一小部分进行涂片、革兰氏染色、镜检。

① 品红亚硫酸钠培养基上的菌落：

紫红色，具有金属光泽的菌落；

深红色，不带或略带金属光泽的菌落；

淡红色，中心色较深的菌落。

② 伊红美蓝培养基上的菌落：

深紫黑色，具有金属光泽的菌落；

紫黑色，不带或略带金属光泽的菌落；

淡紫红色，中心色较深的菌落。

（3）复发酵试验：上述涂片镜检的菌落如为革兰氏阴性无芽孢的杆菌，则挑选该菌落的另一部分接种于普通浓度乳糖蛋白胨培养液中（内有倒管），每管可接种分离自同一初发酵管（瓶）的最典型菌落1~3个，然后置于37℃恒温箱中培养24 h。有产酸产气者，即证实有大肠菌群菌存在。根据证实有大肠菌群存在的阳性管（瓶）数查表4-6，报告每升水中的大肠菌群数。

表4-6 大肠菌群数检数表

（接种水样100 mL 2份，10 mL 10份，总量300 mL）

10 mL 水量的阳性管数	100 mL 水量的阳性瓶数		
	0	1	2
	1 L 水样中大肠菌群数	1 L 水样中大肠菌群数	1 L 水样中大肠菌群数
0	<3	4	11
1	3	8	18
2	7	13	27
3	11	18	38
4	14	24	52
5	18	30	70
6	22	36	92
7	27	43	120
8	31	51	161
9	36	60	230
10	40	69	>230

2）水源水

（1）将水样作1∶10稀释。

（2）于各装有5 mL三倍浓缩乳糖蛋白胨培养液的5个试管中（内有倒管），各加10 mL水样；于各装有10 mL乳糖蛋白胨培养液的5个试管中（内有倒管），各加1 mL水样；于各装有1 mL乳糖蛋白胨培养液的5个试管中（内有倒管），各加入1 mL 1∶10稀释的水样。共计15管，一个稀释度，将各管充分混匀，置于37℃恒温箱中培养24 h。

（3）平板分离和复发酵试验的检验步骤同1）生活饮用水检验方法。

（4）根据证实总大肠菌群存在的阳性管数查表4-6，即求得每100 mL水样中存在的总大肠菌群数。

3）地表水和废水

（1）地表水中较清洁水的初发酵试验同 2）水源水检验方法。有严重污染的地表水和废水初发酵试验的接种水样应作 1∶10，1∶100，1∶1 000 或更高的稀释，检验步骤同 2）水源水检验方法。

如果接种的水样量不足 10 mL、1 mL、0.1 mL，而是较低或较高的三个浓度的水样量，也可查表求得 MPN 指数，再经过下面的公式换算成每 100 mL 的 MPN 值。

$$MPN值 = MPN指数 \times \frac{10\ mL}{接种量最大的一管（mL）} \qquad （4\text{-}16）$$

我国目前以 1 L 为报告单位，MPN 值再乘 10，即 1 L 水样中的总大肠菌群数。

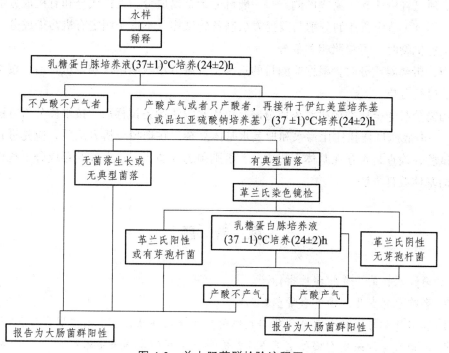

图 4-2　总大肠菌群检验流程图

4.5.3　其他细菌的测定

为区别存在于自然环境中的大肠菌群细菌和存在于温血动物肠道内的大肠菌群细菌，可将培养温度提高到 44.5 ℃，在此条件下仍能生长并发酵乳糖产酸产气者，称为粪大肠菌群。粪大肠菌群也用多管发酵法或滤膜法测定。

沙门氏菌属是常常存在于污水中的病源微生物，也是引起水传播疾病的重要来源。由于其含量很低，测定时需先用滤膜法浓缩水样，然后进行培养和平板分离后，再进行生物化学和血清学鉴定，确定一定体积水样中是否存在沙门氏细菌。

链球菌（通称粪链球菌）也是粪便污染的指示菌。这种菌进入水体后，在水中不再自行繁殖，这是它作为粪便污染指示菌的优点。此外，由于人粪便中大肠菌群数多于粪链球菌，而动物粪便中粪链球菌多于粪大肠菌群，因此，在水质检验时，根据这两种菌的菌数的比值不同，可以推测粪便污染的来源。当该比值大于 4 时，则认为污染主要来自人粪；如比值小于或等于 0.7，则认为污染主要来自温血动物；如比值小于 4 而大于 2，则为混合污染，但以人粪为主；如比值小于或等于 2，而大于或等于 1，则难以判定污染来源。粪链球菌数的测定也采用多管发酵法或滤膜法。

4.6　底质样品中污染物的测定

底质试样中所含污染物的测定，一般可分为金属成分、无机成分和有机成分的分析测定，用 4.5 节中所述的分解与浸提方法制备的试样，不适于测定有机污染成分，当需要测定有机物时，可参照相关部分。

当分析金属成分时，根据监测目的选择全分解方法或酸溶法制备试样后，按水样分析方法进行分析。

当需分析非金属类无机污染成分时，可用水浸法制备试样后，按水样分析方法进行测定。一般底质试样往往比污水和地表水基体复杂，在选择分析方法后，应先进行加标回收试验，检查是否存在基体干扰成分，否则须选择适当方法消除共存成分干扰或选择可行的基体改良方法。

思　考　题

1. 简述水样的主要物理性指标。

2. 影响水样变化的因素有哪些？

3. 容器材质与水样之间有哪些相互作用？选择水样储存容器的依据是什么？

4. 地面水样的采集有哪些主要方法？有哪些常用的水样采集器？

5. 用原子吸收分光光度法测定金属化合物的原理是什么？

6. 简述多管发酵法测定总大肠菌群的原理。

7. 简述 BOD 的含义和测定方法。

8. 某分析人员取工业废水样 20 mL，加 10 mL 0.20 mol/L 重铬酸钾标准溶液，按操作步骤沸腾回流 2 h，加水稀释至 140 mL。以 0.103 3 mol/L 的硫酸亚铁铵标准溶液滴定用去 19.40 mL，（全程序）空白测定消耗该标准溶液 24.89 mL。计算此工业废水的 COD 值。

项目 5　水质评价与预测

【学习目标】

本项目包括水质评价与水质预测 2 个方面，共 8 个学习任务。介绍不同水体的水质评价与预测的方法、步骤和案例。通过学习本项目应达到以下目的：

（1）掌握水质评价的基本程序；

（2）掌握地表水水质评价的内容，能够根据监测数据作出评价和预测；

（3）了解地下水水质评价和预测的方法、步骤。

5.1　水质评价

5.1.1　水质评价概述

1. 水质评价概念及分类

水质评价是水环境质量评价的简称，是根据水的不同用途，选定评价参数，按照一定的质量标准和评价方法，对水体质量定性或定量评定的过程。其目的在于准确地反映水质的情况，指出发展趋势，为水资源的规划、管理、开发、利用和污染防治提供依据。

水质评价是环境质量评价的重要组成部分，其内容很广泛，工作目的不同，研究的角度不同，分类的方法不同。

1）按评价阶段分类

（1）回顾评价：根据水域历年积累的资料进行评价，以揭示该水域水质污染的发展变化过程。

（2）现状评价：根据近期水质监测资料，对水体水质的现状进行评价。

（3）预断评价：又称影响评价，根据地区的经济发展规划对水体的影响，预测水体未来的水质状况。

2）按评价水体用途分类

（1）生活饮用水质量评价。

（2）渔业用水质量评价。

（3）工业用水质量评价。

（4）观赏水体质量评价。

（5）灌溉水体质量评价。

3）按评价参数的数量分类

评价参数又称评价因子，按其数量可分为以下两类。

（1）单因子评价：只有一个评价参数的水质评价。

（2）多因子评价：有多个评价参数的水质评价。

4）按评价水体类型分类

（1）地表水水质评价：以地表水体为评价对象，包括河流水质评价、湖泊（水库）水质评价、河口水质评价和海洋水质评价等。

（2）地下水水质评价：以地下水为评价对象，包括浅层地下水水质评价和深层地下水水质评价等。

2. 水质评价的程序

水质评价工作是在水质监测的基础上进行的，其一般程序如下。

1）搜集、整理、分析水质监测的数据和有关资料

（1）水体环境背景值的调查。水体环境中相对清洁区监测的参数统计平均值就是该水体环境的背景值。所谓相对清洁区是指受人类活动影响较小的地区。进行一个区域或河段评价时，可将对照断面的监测值作为背景值。

（2）污染源调查与评价。污染源是影响水质的重要因素，通过污染源调查与评价可以确定水体的主要污染物种类及数量，从而确定水质监测项目和水质评价因子。

（3）水质监测。为水质评价提供必需的水质数据。

2）确定水质评价参数

确定评价参数就是确定评价因子，应根据评价目的和影响水质的主要污染物来确定评价参数。若评价参数选择不当，则直接影响到水质评价的结论，不能达到水质评价的目的。

3）选择评价方法，建立水质评价的数学模型

评价方法和水质模型都直接影响着评价结论的正确性，所以应正确选择。

4）确定评价标准

水质标准是水质评价的准则和依据。对同一水体，采用不同的标准会得出不同的结论。应根据评价水体的用途和评价目的选择合适的水质标准。

5）提出评价结论

根据计算结果进行水质等级划分，提出评价结论。

6）绘制水质图

水质图可以更直观地反映水质状况。基本的水质图一般包括以下内容：① 流域位置图；② 水文地质状况图；③ 污染源分布图；④ 监测断面分布图；⑤ 污染物含量等值线图；⑥ 水体综合评价图等。

图 5-1 为水质评价程序示意图。本章主要介绍地表水和地下水现状评价的一些内容。

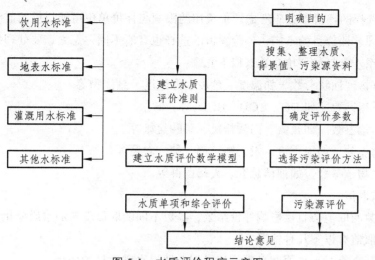

图 5-1 水质评价程序示意图

5.1.2 地表水水质评价

按照一定的质量标准选择合适的评价参数和评价方法，对地表水水体的质量进行定性或定量的评定过程称为地表水水质评价。评价对象可以是一条河流，或是一条河流的一个河段、几个河段，一个湖泊，一个水库等。它们的评价方法和程序基本相似，大同小异。本学习情境重点介绍通用的地表水水质评价方法。

1. 确定评价标准

水质标准是评价水质的准则和依据。一般应采用国家规定的最新标准或相应的地方标准，国家无标准的水质参数可采用国外标准或经主管部门批准的临时标准；评价区内不同功能的水域应采用不同类别的水质标准。如地表水水质标准、海湾水水质标准、生活饮用水水质标准、渔业用水标准、农业灌溉用水标准等。

确定合适的评价标准十分重要，而且应该注意选择统一的标准。因为采用不同的标准，对同一水体的评价会得出不同的结果，甚至对水质是否污染也会有不同的结论。

2. 确定评价参数

1）参数选择

地表水体质量的好坏与其污染物有关，而其污染物种类很多、浓度不一，在评价时不可能全部考虑，但若考虑不当，则会影响到评价结论的正确性和可靠性。因此，常常将能正确反映水质的主要污染物作为水质评价因子即评价参数。评价参数的选择通常遵照以下原则。

（1）所选择的评价参数应满足评价目的和评价要求。

（2）所选择的评价参数应是污染源调查与评价所确定的主要污染源的主要污染物。

（3）所选择的评价参数应是地表水体质量标准所规定的主要指标。

（4）所选择的评价参数应考虑评价费用的限额与评价单位可能提供的监测和测试条件。水体不同、评价目的不同，评价参数的选择也有所不同，总之，要处理好需要和可能之间的关系。常见的评价参数有以下几个。

① 感官物理性状参数。如温度、色度、浑浊度、悬浮物等。

② 氧平衡参数。如 DO、COD、BOD$_5$ 等。

③ 营养盐参数。如氨氮、硝酸盐氮、磷酸盐氮等。

④ 毒物参数。如酚、氰、汞、铬、镉、砷、农药等。

⑤ 微生物学参数。如细菌总数、大肠菌群等。

2）参数取值

评价参数的取值会直接影响评价结果，参数不同的取值反映的水质变化规律不同。目前，参数取值有以下几种情况。

（1）取几个小时平均值和日平均值。用于评价水质逐日的变化。

（2）取年平均值。用于评价水质逐年或长期的变化。

（3）取月或季平均值（一般较少用）。用于评价水质逐月或逐季的变化。

（4）一次随机取样值。偶然性很大，不能正确评价水质的变化，只能反映水质某一时刻的情况。

在评价水质时，根据不同的情况，正确取用参数值。

3. 选择评价方法

地表水水质可以直接用感官性状参数、氧平衡参数、毒物参数及生物学参数评价，也可以用数学模式（亦称水质指数）及分级评价法进行评价。以下主要对后两种评价方法做具体介绍。

1）水质指数法

利用表征水体水质的物理化学参数的污染物浓度值，通过数学处理，得出一个较简单的相对数值（一般是无量纲值），用于反映水体的污染程度，这种处理方法称为污染指数法。污染指数是定量表示水质的一种数量指标，有反映单一污染物影响下的"分指数"（单一指数）和反映多项污染物共同影响下的"综合指数"两种。利用这两种指数可以进行不同水体之间、同一水体不同部分之间或同一水体不同时段之间的水质状况比较，即水质评价。

（1）单一指数（分指数）。单一指数 I_i，是指某种污染物的实测浓度值 C_i（或经过某种计算的取值）与该污染物的评价标准值 S_i 的比值。计算公式为

$$I_i = \frac{C_i}{S_i} \tag{5-1}$$

这里是监测值对标准值的比值，又称等标污染负荷，是一个无量纲的数，在一定条件下，可以表示水质相对污染状况：

当 $I_i < 1.0$ 时，可以认为水质是清洁的（对某一污染物而言）；

当 $I_i > 1.0$ 时，说明水质已污染（对某一污染物而言）；

当 $I_i = 1.0$ 时，水质处于临界状态（对某一污染物而言）。

对于性质不同的污染物，其污染指数计算公式有所不同。

① 对于随浓度增加而污染危害也增加的污染物，如酚、氰、COD 等，其污染指数计算公式为

$$I_i = \frac{C_i}{S_i} \tag{5-2}$$

式中　各项意义同前。

② 对于随浓度增加而危害程度下降的污染物，如溶解氧等，其污染指数计算公式为

$$I_i = \frac{C_{\max} - C_i}{C_{\max} - S_i} \tag{5-3}$$

式中　$C_{\max}$——水质指标 i 在水中可能的最大浓度，如 20 ℃ 时，水中的饱和溶解氧为
9.2 mg/L；

其他指标的意义同前。

③ 对具有最高允许浓度和最低允许浓度限制的污染物，其污染指数计算式为

$$I_i = \frac{C_i - \overline{S_i}}{S_{\max} - \overline{S_i}} \quad 或 \quad I_i = \frac{C_i - \overline{S_i}}{S_i - S_{\min}}$$

$$\overline{S} = \frac{S_{\max} + S_{\min}}{2} \tag{5-4}$$

式中　$S_{\max}$，$S_{\min}$——某一水质指标标准值的上限和下限；

其他指标的意义同前。

（2）综合指数。河流的污染一般是由多种污染物引起的，用单一指数法进行评价，往往不能全面反映水质状况。为了解决这个问题，后来出现了综合指数法。综合指数表示多项污染物对水环境产生的综合影响程度。它是以单一指数为基础，通过各种数学关系式综合求得的。综合计算的方法很多，现介绍几种常用的综合指数计算形式。

① 叠加型指数。此指数是在 1975 年北京西郊环境质量评价中提出的。计算公式为

$$I_i = \sum_{i=1}^{n} \frac{C_i}{S_i} \tag{5-5}$$

式中　I_i——水质综合评价指数；

　　　C_i——污染物 i 的实测浓度，mg/L；

　　　S_i——污染物 i 的水环境质量标准，mg/L。

此指数计算简单，意义明确。但对取不同参数个数的水体评价缺少可比性，如一个河段取酚、氰、汞、铬四项污染物为评价参数，而另一水域取酚、氰、COD、BOD、砷、铬六项污染物为评价参数，通过计算得到两个综合污染参数 I_1 和 I_2，就不能简单地根据

I_1 和 I_2 的数值大小，作出哪一水域污染严重的结论。另外，此参数是将各污染物对环境的影响平等对待，没有考虑不同污染物对环境影响程度的差别，如某河流锰离子与氰离子的浓度超过允许标准的一倍，它们对 I 值的影响是同等的，但实际是氰离子浓度超标一倍就会带来严重的环境危害，而锰离子浓度超标一倍，对环境的影响是微弱的。

② 均值型指数。1977 年，在图们江水系污染与水资源保护研究工作中，提出此指数，又称综合污染指标。其计算公式为

$$I_i = \frac{1}{n} \sum_{i=1}^{n} \frac{C_i}{S_i} \tag{5-6}$$

式中　n——选取的污染物个数，即评价参数的个数；

　　其他符号意义同前。

这种方法解决了参数个数不同对指数值的影响，但仍未考虑污染物危害程度不同对指数值的影响。

③ 加权均值型指数。1977 年在南京城区环境质量综合评价研究中提出的水域质量综合指标，即属此型。其计算公式为

$$I_i = \sum_{i=1}^{n} W_i \frac{C_i}{S_i} \tag{5-7}$$

式中　W_i——污染物 i 的权重，各污染物的权重和等于 1；

　　其他指标意义同前。

加权型指数应用中的主要问题在于权重（加权值）的确定。权重的确定方法很多，如流量加权、河段长度加权、湖泊面积加权等。但对于一般情况，多是根据污染参数对环境的影响、对人体健康和生物的危害，确定每个污染参数的相对重要性，给出它们不同的权重。例如，某河段评价参数有酚、氰、铬、砷，那么可按重要性大小，分别给出其权重为 0.4、0.3、0.2、0.1，或是根据群众和专家的意见来确定权重。在实际工作中如何确定权重，还要结合实际具体问题具体分析。

④ 均方根型指数。这种指数的形式很多，如

$$I_i = \sqrt{\frac{1}{n} \sum_{i=1}^{n} \left(\frac{C_i}{S_i} \right)^2} \tag{5-8}$$

式中，各项指标意义同前。

还有比较典型的内梅罗（N.L.Nemerow）河水污染指数，它最大的特点是考虑了水质的用途，计算公式中不仅考虑了各种参数的平均污染状况，而且考虑了个别水质指标污染程度大的影响，所以有人称它为兼顾极值的指数。具体公式和应用见本书后面有关章节。

综合指数的形式还有很多，在各种水质评价中都有应用。但从基本思路上看，都是将其污染物的实测值与评价标准值比较，得到各污染物的分指数 L（即 C_i/S_i），然后采用

以上各种方法计算得到污染综合指数。

2）分级评价法

分级评价法是将评价参数的代表值与各类水体的分级标准分别进行对照比较，确定其单项的污染分级，然后进行等级指标的综合叠加，综合评价水体的类别或等级。1982年全国水资源调查和评价中曾使用此法。分级评价在具体评分时有不同方式，有十分制分级法（W 分级法）和百分制分级法。这里仅介绍后一种方法。

百分制分级法通常选取 10 个评价参数，如 DO、COD、氰、酚、铅、汞、铬、镉、油、砷等。将评价参数的实测值对照"地表水水质分级、评价标准"（见表 5-1）得出评分分值 A_i，然后采用式（5-9）计算总分（M）。

$$M=\sum_{i=1}^{10} A_i \qquad (5-9)$$

式中　A_i——参数评分值。

然后再根据水质分级表（见表 5-2）对水质进行分级。

表 5-1　地表水水质分级、评价标准

污染级别		COD	DO	氰	酚	油	铅	汞	砷	镉	铬
理想级	mg/L	<3	>6	<0.01	<0.001	<0.01	<0.01	<0.0005	<0.01	<0.001	<0.01
	评分值	10	10	10	10	10	10	10	10	10	10
良好级	mg/L	<8	>5	<0.05	<0.01	<0.3	<0.05	<0.002	<0.04	<0.005	<0.05
	评分值	8	8	8	8	8	8	8	8	8	8
污染级	mg/L	<10	>4	<0.1	<0.02	<0.6	<0.1	<0.005	<0.08	<0.01	<0.1
	评分值	6	6	6	6	6	6	6	6	6	6
重污染级	mg/L	<50	>3	<0.25	<0.05	<1.2	<0.2	<0.025	<0.25	<0.05	<0.25
	评分值	4	4	4	4	4	4	4	4	4	4
严重污染级	mg/L	>50	<3	>0.25	>0.05	>1.2	>0.2	<0.025	>0.25	>0.05	>0.25
	评分值	2	2	2	2	2	2	2	2	2	2

表 5-2　水质分级表

M 值	96～100	76～95	60～75	40～59	<40
水质等级	理想级	良好级	污染级	重污染级	严重污染级

【例】现测得某河段水体中含 COD 8.5 mg/L，DO 3.8 mg/L，酚 0.005 mg/L，

135

CN 0.04 mg/L，As 0.02 mg/L，Cr 0.2 mg/L，Hg 0.000 3 mg/L，油 0.25 mg/L，Cd 0.025 mg/L，Pb 0.06 mg/L，用百分制分级给予评价。

解：根据各成分含量，按照评分标准（见表 5-1）进行各参数评分为
COD_6、DO_4、酚 8、CN_8、As_8、Cr_4、Hgl0、油 8、Cd_4、Pb_6。

$$M = \sum_{i=1}^{10} A_i = 6+4+8+8+8+4+10+8+4+6 = 66 \tag{5-10}$$

根据水质分级标准（见表 5-2），判断该河段水质为污染级。

通过对上述评价方法的学习可以看出，水质评价实际上是一个分类（级）问题。水质分级是一项十分复杂和关键的工作，需要慎重对待。按照国家环保部门的做法，目前综合水质的分级应与《地表水环境质量标准》（GB 3838—2002）中水域功能的分类一致。

然而，还应看到水质分级与一般事物的简单分类不同。因为水质污染程度是一个模糊概念，也就是说，类与类之间，并不是"非此即彼"的关系，水质划分的级别不应该是突变的。所以，分级评价法虽然比较直观、明确，但并非都很符合实际。因此，目前人们已开始将模糊数学方法应用于水质评价中。

5.1.3　水体质量综合评价

作为水体质量的整体概念，除了水层的水质外，还应包括底泥和水生生物的质量状况。有关水质评价方法 5.1.2 节已经讲过，本节将主要介绍底质和生物学评价方法，并通过对湖泊水体质量的评价，介绍水体质量综合评价的内容。

1. 底质评价

底质评价方法与水质评价方法相似，也是先求出各评价参数（通常选 pH、氧化还原电位、灼烧减重、氮、磷及汞、铬、砷等有毒物质）的单一指数，然后再用前面所述的"叠加""均值"等方法求出底质综合指数。由于缺乏底质的评价标准（S_i），目前常采用评价地区未受污染或稍污染的土壤中同类物质自然含量的监测上限代替。

2. 生物学评价

生物学评价可以通过求生物指数来进行，也可以根据水生生物的种类来评价。

（1）生物指数。各种污染物质使水体生态环境恶化，造成生物群落发生变化，生物指数是根据生物种群的变化，求出一定的数量值，用以反映水体的质量。

① Beck 指数。该指数按底栖大型无脊椎动物对有机污染的耐性分成两类：Ⅰ类是不耐有机污染的种类，Ⅱ类是能忍受中等程度的污染，但非完全缺氧条件下的种类。若一个调查地点内Ⅰ类和Ⅱ类动物种类数以 $n_Ⅰ$ 和 $n_Ⅱ$ 表示，按式（5-11）计算：

$$I = 2n_Ⅰ n_Ⅱ \tag{5-11}$$

当 $I = 0$ 时，为严重污染；I 在 1～10 时为中度污染；$I > 10$ 时为清洁水。

此法要求调查采集的各测站环境因素尽量一致，如水深、流速、底质、水草等。

② 污染生物指数。颤蚓可用来作为污染生物的代表。颤蚓类的数量占整个底栖动物数量的百分数就是污染生物指数。

$$生物指数(\%) = \frac{颤蚓类个数}{底栖动物个数} \times 100\% \tag{5-12}$$

当此指数小于60%时，表示水质良好；60%～80%时为中等污染；大于80%时为严重污染。

③ 硅藻类生物指数。用河流中硅藻的种类计算生物指数。计算公式为

$$I = \frac{2A + B - 2C}{A + B - C} \times 100\% \tag{5-13}$$

式中　A——不耐污染的生物种类数；

　　　B——对有机污染不敏感的种类数；

　　　C——污染区内特有的生物种类数；

　　　I——生物指数，I 越大表明水质越好，I 越小污染越严重。

群落多样性生物指数。该指数是利用水生物群中种数与个体数的比值来确定污染的情况。由于水体遭受污染后，生物种群中往往会出现某些种类减少，而另一些抵抗污染力强的种类个体数量却大量增加的情况。对于不同程度污染的水域，它们的比值是不同的，故可以利用这个比值关系来评价水污染情况，早期提出的指数公式为

$$d = \frac{S}{\ln N} \tag{5-14}$$

式中　S——生物群种数；

　　　N——各类生物的总个体数；

　　　d——多样性指数，d 值越小，表示水被污染得越严重。

式（5-14）过于简单，易于掩盖不同生物群中种间个体数量相对差异性，而且 d 与样品的多少有关。式（5-15）可以克服这些缺点。

$$d = -\sum_{i=1}^{s} \left(\frac{n_i}{N} \right) \log_2 \frac{n_i}{N} \tag{5-15}$$

式中　n_i——样品中第 i 种生物的个体数（$i=1$，2，3，…，S）；

　　　N——样品中生物个体总数；

　　　d——意义同前，可以分为5个等级：0为严重污染，0～1为重污染，1～2为中污染，2～3为轻污染，3以上为清洁水体。

指示生物。河流被污染后，在污染源下游相当长的流程内，由于水体的自净作用，污染程度逐渐降低，水生生物种类发生相应的变化。根据出现的各种特有的指示生物，污染程度逐渐沿流程可分成几个连续的污染带：多污带、α-中污带、β-中污带和寡污带。

各污染带内的化学和生物学特征见表 5-3。

表 5-3　污水生物体系各污染带内的化学和生物学特征

特征	多污带	α-中污带	β-中污带	寡污带
化学过程	因腐败现象引起的还原和分解作用明显开始	水和底泥中出现氧化作用	到处进行氧化作用	因氧化使矿化作用达到完成阶段
溶解氧	全无	有一些	较多	很多
BOD	很高	高	较低	低
硫化物形成	有强烈硫化氢味，大致可以辨识	硫化氢臭味消失	无	无
水中有机物	有大量高分子有机物	因高分子有机物分解而产生氨基酸	有很多脂肪酸酰胺化合物	有机物全分解
底质	往往有黑色硫化铁存在，故常带黑色	硫化铁已氧化成氢氧铁，故不呈黑色		大部分已氧化
水中细菌	大量存在，每毫升水中达 100 万个以上	很多，每毫升水中达 10 万个以上	数量减少，每毫升水中在 10 万个以下	少，每毫升水中在 100 个以下
栖息生物的生态学特性	所有动物皆为细菌摄取者，均能耐 pH 的强烈变化，均为耐低溶解氧的嫌气性生物，对硫化氢、氨等有强烈的抗性	以摄食细菌的动物占优势，其他有食肉性动物。一般对 pH 和溶解氧变化有高度适应性。能忍耐氨，但对 H_2S 的忍耐力弱	对溶解氧和 pH 变化的忍耐性差，对腐败性毒物无长时间的耐性	对溶解氧和 pH 变化的耐性很差，特别缺乏对腐败性毒物（如 H_2S 等）的耐性
植物	出现无硅藻、绿藻、结合藻和高等植物	藻类大量发生，有蓝藻、绿藻、结合藻和硅藻出现	多种硅藻、绿藻、结合藻出现，此带为鼓藻类主要分布区	水中藻类少，但着生藻类多
动物	微型动物为主，原生动物占优势	微型动物占大多数	多种多样	多种多样
原生动物	有变形虫、纤毛虫，但无太阳虫、双鞭毛虫和双管虫	逐渐出现太阳虫、双管虫，但无苏联鞭毛虫出现	出现太阳虫、双管虫中耐污性弱的种类和双鞭毛虫	仅有少数鞭毛虫和纤毛虫
后生动物	仅有少数轮虫、蠕形动物、昆虫幼虫出现。水螅、淡水海绵、藓苔动物、小型甲壳类、贝类、鱼类不能在此生存	有贝类、甲壳类、昆虫出现，但无淡水海绵、藓苔动物，鱼类中的鲤、鲫、鲶等可在此带栖息	淡水海藻、藓苔动物、水螅、贝类、小型甲壳类两栖动物、鱼类多种出现	除各种动物外，昆虫幼虫种类极多

可以根据污染特征，如水中细菌数等指标，说明水质污染程度。这种利用对环境中某种污染敏感（或有较高耐量）的生物种类的存在（或缺失），来指示其所在水体该污染物的多寡或分解程度的方法，即生物指示法。

3. 水体质量综合评价

有了水质、底质和生物学评价以后，便可以对整个水体的质量进行综合评价，方法有均值法、加权法。

$$I_{综} = \frac{1}{3}(I_{水} + I_{底} + I_{生}) \tag{5-16}$$

$$I_{综} = W_{水}I_{水} + W_{底}I_{底} + W_{生}I_{生} \tag{5-17}$$

式中　$I_{综}$——水体综合指数；

$I_{水}$、$I_{底}$、$I_{生}$——水质、底质、生物学评价的综合指数；

$W_{水}$、$W_{底}$、$W_{生}$——水质、底质、生物学评价值所占的权重。

将得到的综合评价值$I_{综}$按一定原则进行适当的污染分级，即可概括出水体的质量状况。

5.1.4　地下水质量评价

1. 评价目的和原则

随着城市建设、工业发展、地下水的大规模开发利用，地下水的水质和水量均发生了显著变化。不仅影响到城市供水质量，危及人体健康，而且诱发出水源枯竭、地面下沉、咸水入浸等一系列水文地质、工程地质问题。因此，研究这些问题并提出防治措施就成了城市环境中迫切需要解决的问题，是城市环境质量评价不可分割的重要组成部分。进行地下水质量评价，其目的就是研究和认识城市地区的环境水文地质条件和特征，以及随着城市发展、地下水开发利用而带来的地下水质的变化，为控制地下水污染、制定城市水资源政策提供科学依据。

地下水质评价与地表水质评价相比，除具有评价工作的相同特征外，还有它自己的特点。由于地下水埋藏于地质介质中，受地质构造、水文地质条件及地球化学条件等多因素的影响，水质的污染十分缓慢和复杂，所以评价它较地面水就更为困难。

对于地下水质量评价，主要遵循的几条原则如下。

（1）评价工作主要限于那些已经或将要以地下水作为供水源的城市或工业区。

（2）评价工作必须在已有城市水文地质工作的基础上进行，没有开展过水文地质、工程地质普查的城市同时开展水文地质、工程地质调查和研究工作。

（3）必须有地下水质监测资料作基础，在缺乏监测资料的地区应首先开展水化学研究。

（4）必须以地下水资源的质量变化和地质环境的质量变化为重点，结合该地区的环境水文地质条件类型来进行。

2. 评价参数的选择

在自然界中，影响地下水质量的有害物质有很多。无机化合物有几十种，有机化合物有上百种，其中能溶解于水的有 70 多种。不同地区，由于工业布局不同，污染源不同，污染物组成也就存在很大差异。因此，地下水质量评价参数的选择要根据研究区的具体情况而定。一般情况下，可把地下水污染物质分为如下几类。

（1）能反映地下水的常规理化指标。如 K^+、Na^+、Ca^+、Mg^{2+}、SO_4^{2-}、Cl^-、HCO_3^-、CO_3^{2-}、NH_4^+、NO_3^-、pH、矿化度、总硬度等。

（2）有机有害物质。如酚、有机氯、有机磷等。

（3）有毒的金属和非金属物质。如汞、铬、镉、铅、砷、氟化物、氰化物等。

（4）微生物。如细菌、病虫卵、病毒等。

各地区在评价地下水质量时，除第一类反映地下水质量的一般理化指标必须监测之外，还要根据各地的污染特点来选择评价参数。值得指出的是，由于地下水埋藏于地下，地表污染源、表层地质结构、地貌特征、植被、人类开发工程、水文地质条件及地下水开发现状等，都直接影响地下水质量的好坏，所以在选择评价参数时，也应对其加以考虑。

3. 评价标准的选择

由于地下水大多数作为饮用水源，故一般都以饮用水的卫生标准作为评价标准。但严格地说，这是不够的。因为饮用水卫生标准只能表示人体对地下水中各种元素的适应能力，标准本身也会随着环境的变异和病理学研究的深入而改变。再者，地下水从未污染、开始污染到严重污染，以致不能饮用，要经历一个从量变到质变的过程，仅仅用卫生学标准往往不能反映地下水质的量变过程。为此，有人提出以污染起始值作为地下水质的评价标准。计算公式如下：

$$X_0 = \overline{X} + 2\delta = \overline{X} + 2\sqrt{\frac{\sum(\overline{X} - X_i)^2}{n-1}} \tag{5-18}$$

式中　X_0——污染起始值，即最大区域背景值，又为背景值调查的平均结果；

　　　X_i——背景值调查中各水井污染物的实际含量；

　　　n——背景值调查样品的数量；

　　　δ——样品数据的总体标准偏差。

污染起始值不仅可以反映地下水质从量变到质变的污染过程，而且还能弥补有些成分目前还没有标准的不足。

4. 评价模式（综合指数法）

综合指数法多是以评价地表水为目的而提出的，在前面地表水水质评价中已多次讲到。此类方法评价地下水的例子也有很多，这里仅举一例。

美国学者 N.L.Nemterow 建议，按河流水不同用途将水划分为三类。

（1）人类直接接触用水（$j=1$）。包括饮用水、游泳用水和食品制造用水等。

（2）间接接触用水（$j=2$）。包括养鱼、农业用水等。

（3）非接触用水（$j=3$）。包括工业冷却水、航运等。

每类用水都可求出分类的水质指数：

$$I_j = \sqrt{\frac{\left(\max \dfrac{C_i}{S_{ij}}\right)^2 + \left(\dfrac{1}{n}\sum_{i=1}^{n}\dfrac{C_i}{S_{ij}}\right)^2}{2}} \tag{5-19}$$

式中　C_i——水质项目的实测值；

　　　S_{ij}——水质项目 i 在不同水的用途 j 时的标准值；

　　　$\mathrm{Max}(C_i/S_{ij})$ ——水的各种指标 C_i/S_{ij} 中的最大值；

　　　$\sum(C_i/S_{ij})/n$ ——水的各种指标 C_i/S_{ij} 中的平均值。

由 I_j 可求出总水质指数：

$$I = W_1 I_1 + W_2 I_2 + W_3 I_3 \tag{5-20}$$

式中　W_1、W_2、W_3——水体不同用途所占的权重，$W_1 + W_2 + W_3 = 1.0$。

该指数在地下水评价中的应用也是将水质分为三种用途（饮用水、灌溉水、工业冷却水等），用分类水质指数计算，求出总水质指数。

根据计算结果和地下水污染的实际情况，将地下水的污染分为三级，并以此进行污染程度分区。

（1）$I > 1$，说明地下水综合污染程度较重，必须考虑控制其发展，不能作饮用水源。

（2）I 为 0.5～1，说明地下水遭到污染，应引起有关方面的重视。

（3）$I < 0.5$，说明地下水基本上属于未污染。

应该指出，内梅罗指数计算公式兼顾了多项污染物的平均状况及影响最严重的一个水质参数，对地下水污染评价有一定的适用价值，但也还存在综合指数偏高问题。

5.1.5　水质评价案例

水质评价就是根据水的不同用途，选定评价参数，按照一定的质量标准和评价方法，对水体质量定性或定量评定的过程。其目的在于准确地反映水质现状，为水质预测提供基础。

1. 工程概况

拟建项目为一污水处理厂工程，该项目设计污水处理规模 3 000 m³/d，分两期建设，其中一期 1 500 m³/d，二期 1 500 m³/d。项目总占地面积 17 亩[①]，建筑面积约为 2 200 m²。该污水厂建成后，污水经处理后直接排入地表水体——柳溪河（小安溪河）；项目地下水按赋存介质分为松散介质孔隙水及基岩裂隙水，主要接受大气降水的入渗与小支沟补

_____

① 1 亩 = 666.7 m²。

给，经勘察钻孔未揭露地下水。

2. 地表水环境质量现状评价

1）地表水环境质量现状监测

监测断面：在项目南侧柳溪河上布置 2 个监测断面，1#断面为拟建项目排污口上游 100 m 处，2#断面为拟建项目排污口下游 500 m 处。

监测项目：pH、COD、氨氮、动植物油、总磷、总氮、氯化物。

监测时间：各指标均连续监测 3 d，每天监测 1 次。

2）监测结果统计及现状评价

（1）评价方法：采用单一指数法对地表水水质进行现状评价，计算公式如下。

一般因子标准指数：

$$I_i = \frac{C_i}{S_i} \qquad (5\text{-}21)$$

式中　I_i——标准指数；

　　　C_i——评价因子 i 在某监测点的实测浓度值，mg/L；

　　　S_i——评价因子 i 的评价标准限值，mg/L。

pH 标准指数：

$$\text{pH}_i \leqslant 7.0 \quad I_i = (7.0 - \text{pH}_j) / (7.0 - \text{pH}_{sd})$$

$$\text{pH}_i > 7.0 \quad I_i = (\text{pH}_j - 7.0) / (\text{pH}_{su} - 7.0)$$

式中　I_i——pH 的标准指数；

　　　pH_i——pH 实测值；

　　　pH_{sd}——评价标准中 pH 的下限值；

　　　pH_{su}——评价标准中 pH 的上限值。

（2）评价标准：采用《地表水环境质量标准》（GB 3838—2002）Ⅲ类水域标准。

（3）评价结果：柳溪河现状监测统计及评价结果见表 5-4。

表 5-4　柳溪河现状监测统计及评价结果

断面及指标 项目 结果	pH	COD（mg/L）	NH₃-N（mg/L）	动植物油（mg/L）	总磷（mg/L）	总氮（mg/L）	氯化物（mg/L）
1#断面 监测值	7.05～7.18	20.3～23.0	0.401～0.435	0.02	0.12～0.17	0.49～0.68	29～30
标准值	6～9	≤20	≤1.0	—	≤0.2	≤1.0	≤250
S_{ij} 值	0.025～0.09	1.015～1.15	0.401～0.435	—	0.6～0.85	0.49～0.68	0.116～0.12
2#断面 监测值	7.08～7.18	21.7～23.0	0.451～0.472	0.02	0.15～0.18	0.48～0.56	28～29
标准值	6～9	≤20	≤1.0	—	≤0.2	≤1.0	≤250
I_i 值	0.04～0.09	1.015～1.15	0.451～0.472	—	0.75～0.9	0.48～0.56	0.112～0.116

地表水环境质量评价结论：根据表 5-4 可知，柳溪河 2 个监测断面 pH、氨氮、总磷、总氮、氯化物 I_i 值均小于 1，达标，但 COD 标准指数值大于 1，经计算可知，COD 超标率为 100%，COD 最大超标倍数为 1.15，无环境容量。总氮、总磷 I_i 值较大，环境容量较少。

3. 地下水环境质量现状评价

1）地下水环境质量现状监测

监测点位：布置 3 个监测点。1#位于刘家院子水井，2#位于李家院子水井，3#位于小河沟院子水井，水井的主要功能是畜禽饮水和灌溉用水，不作为居民生活用水。

监测项目：pH、氨氮、氯化物、高锰酸盐指数。

监测时间：各指标均监测 1 d，每天监测 1 次。

2）监测结果统计及现状评价

（1）评价方法：与地表水体现状评价一样，采用单一指数法对地下水水质进行现状评价。

（2）评价标准：采用《地下水环境质量标准》（GB/T 14848—1993）中的Ⅲ类水域标准。

（3）评价结果：该污水处理厂项目地下水监测统计及评价结果见表 5-5。

表 5-5　污水处理厂项目地下水现状监测统计及评价结果

点位及指标	项目 监测结果	pH	NH₃-N（mg/L）	高锰酸盐指数（mg/L）	氯化物（mg/L）
1#	监测值	7.30	0.599	3.4	16.45
	标准值	6.5～8.5	≤0.2	≤3.0	≤250
	I_i 值	0.2	2.995	1.13	0.066
2#	监测值	7.50	0.584	5.9	14.13
	标准值	6.5～8.5	≤0.2	≤3.0	≤250
	I_i 值	0.33	2.92	1.97	0.057
3#	监测值	7.40	0.605	3.0	37.09
	标准值	6.5～8.5	≤0.2	≤3.0	≤250
	I_i 值	0.27	3.025	1	0.15

地下水环境质量评价结论：由表 5-5 可知，拟建项目所在地地下水 pH、氯化物 I_i 值小于 1，满足《地下水质量标准》（GB/T 14848—2007）Ⅲ类标准。氨氮 I_i 值为 2.92～3.025、高锰酸盐指数值为 1～1.97，均大于 1，不能满足《地下水质量标准》（GB/T 14848—2007）Ⅲ类标准，无环境容量。超标原因主要是农民生活污染和农业面源污染。

5.2 水质预测

5.2.1 水质预测概述

在管理工作中，决策和计划占有很重要的地位，正确的决策和计划主要取决于科学预测。预测通常是根据历史资料及现状，经过定性的经验分析或定量的计算，以探索事物的演变规律。

1. 预测的分类和预测模型

1）预测的分类

预测的类型很多，有多种分类方法。

（1）按预测对象可分为六大类：社会预测、经济预测、科学预测、技术预测、军事预测、环境预测。

（2）按预测时间可分为：近期预测、短期预测、中期预测、长期预测、未来预测。

（3）按预测技术属性可分为：定性预测、定量预测、定时预测。

（4）按预测方式可分为：直观性预测、探索性预测、目标预测、反馈预测。

2）预测模型

预测的常用方法之一就是模型法。预测模型是预测的核心，建立预测模型是预测技术的关键。

（1）预测模型按变量之间的关系可分为：因果关系模型、时间关系模型和结构关系模型等。

（2）按变量的形式又可分为：线性预测模型和非线性预测模型。

（3）按变量的数量预测可分为：一元模型和多元模型等。

环境预测是研究社会、经济发展对环境所造成的负担，即污染问题。预测污染物质的产生量，对未来或未知的环境前景进行估计和推测，以便采取对策，防治污染，改善环境。环境预测一般包括两个方面的内容：一是污染物排放量的预测；二是区域环境质量的预测，通过污染物的排放量来推断环境质量发展变化的方向和程度。

水质预测属于环境预测的一部分，即预测未来水平年排入水体污染物的种类和数量，并据此来推断水环境质量发展变化的方向和程度。科学的水质预测是水质评价和管理的依据。对未来的水质状况预测越准确，作出的决策就越正确，实现确定的目标就越有把握。

2. 水质预测的一般方法与程序

1）水质预测的一般方法

水环境质量预测是通过已取得的情报资料和监测、统计数据对水污染的现状进行评价，对将来或未知的水质前景进行估计和推测。水质预测不仅是进行水资源保护决策的依据，促进环境科学管理的动力，也是制订区域、流域水污染综合防治规划及水资源保护规划的基础。水质预测是根据经济、社会发展规划中各水平年的发展目标进行的。

进行水质预测的方法主要取决于预测的目的和所能得到的数据资料。对于区域和流域水环境预测来说，一般有两种方法：从整体到局部的宏观预测，以及从局部到整体的微观预测。

（1）宏观预测。预测流域、区域或整个城市实施经济、社会发展规划对水环境的影响。首先从流域、区域或城市国民经济生产总值的增长入手，用数学模型或统计方法求出万元产值的排污量，据此预测各经济、社会发展水平年的排污增长量；再根据人口预测，计算生活污水的增长，求出整个流域、区域或城市在各个经济、社会发展水平年污水和污染物的排放总量。然后根据水质调查和现状评价及水质保护目标，再分别预测区域内的各个局部的排污数量，并作出相应的影响评价。

（2）微观预测。将流域、区域或城市分为若干子系统（如行业、地区），根据各系统的具体发展规划，按照主要污染物的排放量和分布，逐行业、逐地区地分别预测出主要污染物的排放量。最后预测出整个流域、区域或城市在经济、社会发展的各个水平年主要污染物及污水的排放总量，并作出相应的影响评价。

2）水质预测的一般程序。

水质预测一般可分为三个阶段，如图 5-2 所示。

（1）准备阶段。明确水质预测的目的，制订预测计划，确定预测时间，搜集进行水质预测所必需的数据和资料。

（2）综合分析阶段。分析数据和资料，选择预测方法，修改或建立预测模型，检验预测模型等。

（3）实施预测阶段。实施预测并进行误差分析，提交预测结果。

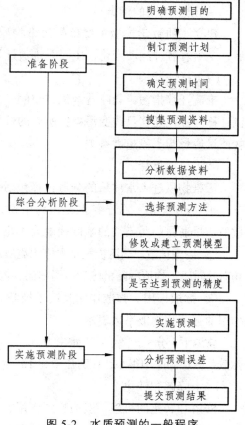

图 5-2　水质预测的一般程序

5.2.2　水质预测数学模型

5.2.2.1　水质数学模型的建立

水质数学模型是描述污染物在水体中运动变化规律及其影响因素相互关系的数学表达式。

1．模型分类

水质数学模型可按以下特性分类。

（1）按空间分：一维模型和多维模型。

（2）按时间分：稳态模型和动态模型。

（3）按解的特点分：确定性模型（应用最广）和随机性模型。

（4）按反应动力学分：生化模型、纯转移模型、纯反应模型、转移和反应模型以及生态模型等。

（5）按模型性质分：黑箱、白箱和灰箱模型。

2．水质数学模型的建立

1）建立模型的依据

建立水质数学模型主要依据污染物质在水体中的运动变化情况。污染物进入水体后，发生着各种运动变化，主要有推流迁移、分散稀释、降解和转化三大类型。

（1）推流迁移。

推流迁移指污染物随着水流在空间三个方向上平移运动所产生的迁移作用，也称平流迁移。推流迁移只改变污染物所处的位置，而不改变污染物的浓度。推流迁移的污染物质量通量与水流速度有关。

（2）分散稀释。

污染物质进入水体后的分散稀释包括分子扩散、湍流扩散和弥散作用。

① 分子扩散。分子扩散是由污染物分子的随机运动引起的质点分散现象。分子扩散的质量通量与污染物的浓度梯度成正比，分子扩散的强弱用分子扩散系数表示。

② 湍流扩散。湍流扩散是水体湍流质点的各种状态（流速、压力、浓度等）的瞬时值相对其时段平均值的随机脉动而引起的分散现象。湍流扩散的强弱用湍流扩散系数表示。

③ 弥散作用。弥散作用是由于横断面上的流速分布不均匀引起的分散现象。弥散作用的强弱用弥散系数表示。

常温下，分子扩散系数在水中为 $10^{-9} \sim 10^{-6}$ m²/s；湍流扩散系数在河流中为 $10^{-4} \sim 0$ m²/s；弥散系数在湖库中很小，在河流中为 $10^{-2} \sim 10^2$ m²/s；而在河口处很大，可达 $10 \sim 10^3$ m²/s。

（3）降解和转化。

降解和转化的机理一般为物理作用、化学作用和生物作用等。

进入水体的污染物可分为持久性和非持久性两大类。持久性污染物进入水体后，进行推流迁移和分散稀释作用，不断改变所处的空间位置，同时降低其浓度，但其总量很难减少，如重金属、高分子聚合物等。非持久性污染物进入水体后，除了推流迁移和分散稀释作用外，还进行着降解和转化作用，不但污染物所处的空间位置和浓度发生变化，而且污染物的总量也会减少。

2）建立模型的理论基础

污染物进入水体后进行着一系列运动变化过程，这些过程与污染物本身的特性有关，也与多种水环境条件紧密相连。在这些过程的综合作用下，污染物浓度降低。因此，物理、化学、生物学和水力学中用来描述这些过程的各种数学方程，如推流方程、混合方程、扩散方程、沉淀方程、吸附方程、氧化方程、碳化方程、硝化方程、厌氧方程等，均是建立水质数学模型的理论基础。

将污染物在水体环境中的物理、化学和生物学过程经过各种数学方法处理，形成水质变化规律的各种数学表达式，即水质数学模型。

水质模型的种类很多，但不论哪一类模型，都是将所研究的某一特定水体当作一个化学反应系统（或称连续搅拌化学反应器），在这个系统内，污染物的变化是遵守质量守恒定律的。

3. 建立水质数学模型的步骤

（1）模型概化。确定模型在时间和空间上的规律和范围，将系统描述为具有一定形状大小及体积分量空间关系的网络，比如确定模型的维数（空间）和状态（是稳态还是动态）等。

（2）模型结构识别。确定表征系统响应的参数及模型的函数结构。用数学方法描述系统每个分量的水环境行为、过程和功能；确定在其范围内必须进行模拟的边界条件。然后根据一些数学方法和判别准则，对模型的函数表达式进行识别和检验，看其是否能代表系统动态的真实情况，如果不能代表则须重新进行概括和修改。

（3）模型参数的估值。模型的基本参数确定后，就应估计其具体数值。可通过实验室模拟试验或将现场测定数据代入模型，选择最佳拟合观测值作为模型的参数值。

（4）模型灵敏度分析。参数的变化对模型的影响程度称为模型的灵敏度。在其他参数不变时变动某一参数；若函数值随之发生较大的变化，则说明函数对该参数灵敏度高，应严格控制这个参数，以保证模型的精确性。

（5）模型的验证。在建立模型过程中，作了一系列的假设，这些假设与实际情况有一定差别，在取得数据之后，由于受到误差的干扰，也可能使参数估计产生误差。因此，为判别所建立的水质模型是否有效，必须使用新的现场观测数据来加以验证。如果结果不满意，则须重复前述步骤，重新建立模型。

（6）模型的应用。用模型来解决实际问题时，要选择适当的求解技术，将函数表达式变换为适合于求解的形式，形成模型的输入和输出。应当弄清楚，哪些变量是模型的输入量，哪些是所需要的输出量；输入量必须去搜集，输出量则是模型的计算结果，是解决实际问题所需要的信息随时间不发生变化；若污染物浓度随时间发生变化则为动态，又称非稳态。

5.2.2.2 常用的河流水质数学模型

前已述及，水质数学模型按空间特性可分为一维模型和多维模型。水质模型的维数是指水体的空间方向数，空间方向常用 x、y、z 来表示。x 表示河流、湖库的纵向，即水流方向；y 表示在水平面上与 x 方向垂直的河流、湖库的横向，即横断面方向；z 表示河流、湖库的垂向，即水深方向。

描述空间完全均匀混合的水体，即污染物在水体的 x、y、z 三个方向的浓度相同或接近，只考虑污染物在时间轴上的变化时用零维模型；描述污染物在水体一个空间方向上的浓度变化，河流指 x 方向即纵向，湖、库指 z 方向即水深方向时用一维模型；描述污染物在水体两个空间方向上的浓度变化，河流指 x 和 y 方向，湖、库指 x 和 z 方向用二维模型；描述污染物在水体空间三个方向上的浓度变化时用三维模型。若河流流量与污水量之比为 10～20，则只考虑稀释作用（不考虑降解作用），若河水与污水完全均匀混合，则用零维模型；若考虑沿河道的污染物衰减和沿程稀释倍数的变化时，用一维模型；考虑排放口混合区范围时，则用二维模型。

按时间特性水质数学模型又可分为稳态模型和动态模型。所谓稳态是指污染物浓度随时间不发生变化；若污染物浓度随时间发生变化则为动态，又称非稳态。

水质数学模型种类很多，而且该领域的发展变化也很快。在此，仅介绍几种常用的河流水质数学模型。

1. 完全混合水质模型（零维水质模型）

在河流是稳态，排污量一定，污染物在河段内均匀混合，污染物为持久性、不分解、不沉淀，河流无支流和其他排污口时，通常采用完全混合水质模型，模型公式如下：

$$c = \frac{C_p Q_p + C_h Q_h}{Q_p + Q_h} \qquad (5\text{-}24)$$

式中　c ——废水与河水完全混合后污染物的浓度，mg/L；

　　　Q_h ——排污口上游来水流量，m^3/s；

　　　C_h ——上游来水的污染物浓度，mg/L；

　　　Q_p ——污水流量，m^3/s；

　　　C_p ——污水中污染物的浓度，mg/L。

适用范围：① 废水与河水迅速完全混合后的污染物浓度计算；② 污染物是持久性污染物，废水与河水经一定的时间（距离）完全混合后的污染物浓度预测。

2. 一维水质模型

设河流中污染物一维对流弥散方程为

$$\frac{\partial C}{\partial t} = k_s \frac{\partial^2 C}{\partial x^2} - u \frac{\partial C}{\partial x} - KC \qquad (5\text{-}25)$$

式中　k_s ——纵向（水流方向）弥散系数，m^2/d；

　　　K ——污染物的降解系数，1/d；

　　　C ——排污口下游处的浓度解，mg/L；

x——沿河段的纵向距离，m;

u——河水流速，m/s;

t——时间，d。

在此，仅介绍一维水质模型稳态解。

稳态是指均匀河段定常排污条件，即过水断面、流速、流量等都不随时间变化，即

$$\frac{\partial C}{\partial t} = 0 \qquad (5-26)$$

此时一维水质模型变化为

$$\frac{\mathrm{d}^2 C}{\mathrm{d}x^2} - \frac{u}{k_s} \frac{\mathrm{d}c}{\mathrm{d}x} - \frac{K}{k_s} C = 0 \qquad (5-27)$$

通过解析得稳态解为

$$C = C_0 \exp\left[\frac{ux}{2k_s} \left(1 - \sqrt{1 + \frac{4Kk_s}{u^2}} \right) \right] \qquad (5-28)$$

式中　C_0——$x=0$ 处河水中污染物浓度;

其他符号意义同前。

当不考虑弥散作用，即弥散系数 $k_s=0$ 时，则一维水质模变化为

$$C = C_0 \exp\left(-\frac{K}{u} x \right) \qquad (5-29)$$

3. BOD-DO 耦合模型（S-P 模型）

溶解氧是指单位水体中氧气的含量，常用 DO 表示，单位为 mg/L。它是反映水体污染程度和水环境质量的一个重要指标。其数量越大，水体质量越好，反之，说明水体污染程度越大，水环境质量越差。它与水污染和水环境质量的许多参数密切相关。因此，溶解氧模型得到广泛应用和发展。溶解氧模型类型很多，最典型的是 BOD-DO 耦合模型，又称 S-P 模型。

1925 年美国两位工程师斯特里特（H. Streeter）和菲尔普斯（E. Phelps）根据俄亥俄河的污染调查研究，认为在河流的自净过程中，同时存在着两个过程：第一个过程是耗氧过程，即有机污染物进行生物氧化，消耗水中溶解氧（DO）的过程，其速率与水中有机污染物浓度（BOD）成正比。第二个过程是溶氧过程，即大气中的氧气不断地溶入水体的过程，所谓大气复氧，其速率与水体的氧亏值成正比。氧亏值是指水中溶解氧的实际浓度与该水温条件下氧的饱和溶解浓度之差。从而提出了描述一维河流中 BOD 和 DO 消长变化规律的模型，即 S-P 模型，经过 70 多年的发展，已出现许多修正的模型。本书仅介绍最初的 S-P 模型，具体如下。

S-P 模型的主要假设：① 河流中的耗氧过程源于水中 BOD，且 BOD 的衰减符合一级反应动力学；② 河流中溶解氧的来源是大气复氧；③ 耗氧与复氧的反应速度定常。

模型的基本方程为

$$\frac{\mathrm{d}L}{\mathrm{d}t} = -k_{\mathrm{d}}L \tag{5-30}$$

$$\frac{\mathrm{d}D}{\mathrm{d}t} = k_{\mathrm{d}}L - k_{\mathrm{a}}D \tag{5-31}$$

式中 L——河流的 BOD 值，mg/L；

D——河流的氧亏值，mg/L；

k_{d}——河流的 BOD 衰减速度常数，1/d；

k_{a}——河流的复氧速度常数，1/d；

t——河流的流行时间，d。

两式的解析为

$$L = L_0 \mathrm{e}^{-k_{\mathrm{d}}t} \tag{5-32}$$

$$D = \frac{k_{\mathrm{d}}L_0}{k_{\mathrm{a}} - k_{\mathrm{d}}}\left[\mathrm{e}^{-k_{\mathrm{d}}t} - \mathrm{e}^{-k_{\mathrm{a}}t}\right] + D_0 \mathrm{e}^{-k_{\mathrm{a}}t} \tag{5-33}$$

式中 L_0、D_0——河流起点的 BOD 和 DO（氧亏）值，mg／L。

河流中的溶解氧最低点，即临界点，氧亏值最大，用 A 表示，其变化速率为零，则解析上述方程，得：

$$D_{\mathrm{c}} = \frac{k_{\mathrm{d}}}{k_{\mathrm{a}}}L_0 e^{-k_{\mathrm{d}}t_{\mathrm{c}}} \tag{5-34}$$

$$t_{\mathrm{c}} = \frac{1}{k_{\mathrm{a}} - k_{\mathrm{d}}}\ln\frac{k_{\mathrm{a}}}{k_{\mathrm{d}}}\left[1 - \frac{D_0\left(k_{\mathrm{a}} - k_{\mathrm{d}}\right)}{L_0 k_{\mathrm{d}}}\right] \tag{5-35}$$

式中 D_{c}——临界点的氧亏值（即最大氧亏值），mg/L；

t_{c}——从起始点到临界点的河水流行时间，d；

其他符号意义同前。

S-P 模型在水质预测中应用最广，也可应用于河段的最大允许排污量计算。S-P 模式的适用条件：① 河流充分混合段；② 污染物为耗氧性有机污染物；③ 需要预测河流溶解氧状态；④ 河流恒定流动；⑤ 连续稳定排放。

5.2.3   水质预测案例

新建、扩建、改建的直接或间接向水体排放污染物的建设项目和其他的水利工程，都不同程度地影响着水体水质及生态环境，必须在建设前对它们的影响作出科学的评价，并向有关单位提交"环境影响报告书"。对水质和生态环境有较大不良影响的工程应采取相应的环保措施后才能开工，否则应停建或缓建。

预测建设项目对水环境的影响,应尽量采用成熟、简便并能满足要求的预测方法。一般有两类方法。

第一类是定性分析法,如专家判断法是利用专家的经验来推断建设项目对水环境的影响;类比调查法是参照现有相似工程对水体的影响,来推测拟建项目对水环境的影响。

第二类是定量预测法,常指应用物理模型和数学模型进行预测,水质数学模型应用最多最广。定性分析法具有省时、省力、耗资少等优点,但结果是定性的,不能量化;定量预测法的结果是量化得比较准确,但耗时、耗力、耗资多。具体应用时可结合实际情况和要求选用合适的预测方法。

1. 工程概况

某污水处理厂工程,总建设规模为 3 000 m³/d,其中一期 1 500 m³/d,二期 1 500 m³/d。项目总占地面积 17 亩,建筑面积约为 2 200 m²。污水处理厂采用"格栅—隔油沉淀—调节—EGSB—UNITANK—混凝沉淀—过滤—消毒—生物塘"处理工艺。污水厂投入使用后,正常工况下污染物排放核算如表 5-6 所示。

表 5-6　污水处理厂运行期排污情况一览表

时段	序号	项目	进水水质(mg/L)	出水水质(mg/L)	处理程度(%)	排放量(t/a)
项目建成后运行期(3 000 m³/d)	1	COD	7 000	≤50	≥99.29	≤54.75
	2	BOD$_5$	4 000	≤10	≥99.75	≤10.95
	3	SS	1 000	≤10	≥99.00	≤10.95
	4	TN	200	≤15	≥92.50	≤16.425
	5	TP	5	≤0.5	≥90.00	≤0.547 5
	6	NH$_3$-N	100	≤5	≥95.00	≤5.475
	7	动植物油	150	≤1	≥99.33	≤1.095

2. 对柳溪河水质的影响分析

1)水质预测基本情况

预测因子:以氨氮(NH$_3$-N)为例。

预测范围:预测范围确定为排污口至下游 5 km 水域范围。

预测时段:项目建成运行期。

预测模型:按《环境影响评价技术导则》(HJ 610—2016),项目废水收纳水体为南侧柳溪河,流量小、流速慢、河面较窄、废水与河水的混合距离较短,属于小型河流,污染物在横向混合速度较快,因而对污染物采用完全混合模型(零维模型)和 S-P 模型进行预测。

2）水文参数的确定

项目南侧柳溪河河流水质参数见表 5-7、表 5-8。

表 5-7 项目东侧河流水质参数（枯水期）

时段	河宽（m）	平均水深（m）	平均流量（m³/s）	平均流速（m/s）	耗氧系数（1/d）
枯水期	10	5	2.25	2	0.3

表 5-8 相关参数取值

参数	Q_P（m³/s）	Q_h（m³/s）	C_P（mg/L）	C_h（mg/L）	C_0（mg/L）
取值	2.25	0.034 72	0.435	5	0.504 4

3）水质预测结果及评价

正常工况下，污水处理厂建成后，废水污染物达标排入柳溪河，氨氮对柳溪河的影响预测见表 5-9。

表 5-9 正常排放时下游距排污口不同距离处 NH₃-N 浓度预测值　　单位：mg/L

距离	0 m	10 m	50 m	100 m	200 m	300 m	400 m	500 m	700 m
浓度	0.504 4	0.504 4	0.504 4	0.504 3	0.504 2	0.504 1	0.504 0	0.504 0	0.503 8
距离	1 000 m	1 500 m	2 000 m	2 500 m	3 000 m	3 500 m	4 000 m	4 500 m	5 000 m
浓度	0.503 5	0.503 1	0.502 7	0.502 2	0.501 8	0.501 3	0.500 9	0.500 5	0.500 0

从预测结果看，本污水处理站正常工况条件下，污染物达标排放，氨氮的排放对柳溪河中浓度贡献值不大。排污口下游氨氮浓度小于 1.0 mg/L，能满足地表水 III 类水域标准要求。

思 考 题

1. 简述水质评价的概念及分类。

2. 简述水质评价的步骤和基本方法。

3. 水质预测的步骤和目的是什么？

4. 简述污染物质进入水体后可能发生的运动变化过程。

5. 简述常用的河流水质预测数学模型。

6. 简述水质预测一维模型的使用条件。

项目 6 水质监测报告

【学习目标】

水质监测报告是水环境监测成果的主要表达方式，是整个监测工作的最终产品，其质量优劣与否、完成及时与否，都直接影响着水环境监测工作效益的发挥。监测部门应十分重视报告管理，充分发挥监测工作的作用。本项目包括 2 个方面，4 个学习任务，结合实例详细介绍了水质监测报告的内容和编写方法。通过学习本项目，达到以下目的：

（1）掌握水质监测报告的主要类别和内容；

（2）掌握水质监测报告的编写原则和编制步骤；

（3）了解不同水质监测报告的区别，能够编写简单的水质监测报告。

6.1 水环境监测报告的编写原则和内容

按照监测报告表达的深度，可分为实测结果数据型和评价结果文字型两大类；按照选择表达形式，可分为书面型和音像型两大类；根据监测报告表达的广度，可分为项目监测报告、水质监测快报、水质监测月报告、水质监测季报告、水质监测年报告和水质监测报告书等类型。

6.1.1 水环境监测报告编写原则

各类环境监测报告都是环境管理决策的重要依据，其编写应遵循如下原则。

1. 准确性原则

各类监测报告首先是要给人们提供一个确切的环境质量信息，否则监测工作就毫无意义，甚至造成严重后果。同时，各类监测报告必须实事求是，准确可靠，数据翔实，观点明确。

2. 及时性原则

环境监测是通过它的成果（各类监测报告）为环境决策和环境管理服务，这种服务必须及时有效，否则就可能贻误战机，使监测工作失去生命力。因此，必须建立和实行切实可行的报告制度，运用先进的技术手段（如计算机），建立专门的综合分析机构，选用得力的技术人员，切实保证报告的时效性。

3. 科学性原则

监测报告的编制绝不仅仅是简单的数据资料汇总，必须运用科学的理论、方法和手段提示阐释监测结果及环境质量变化规律，为环境管理提供科学依据。

4. 可比性原则

监测报告的表述应统一、规范，内容、格式等应遵守统一的技术规定，评价标准、指标范围和精度应相对统一稳定，结论应有时间的连续性，成果的表达形式应具有时间、空间的可比性，便于汇总和对比分析。

5. 社会性原则

监测报告尤其是监测结果的表达，要使读者易于理解，容易被社会各界很快接受和利用，使其在各个领域中尽快发挥作用。

6.1.2 项目监测报告的内容

监测机构按照任何一种测试方法进行的每一项或一系列测试的结果，都应给出准确、清晰、明确和客观的报告，这种报告就是项目监测报告。项目监测报应包括测试结果、所用方法、监测分析仪器设备及有关说明等全部信息。

项目监测报告是监测机构运用最多的报告形式，是编制其他报告的基础。每份项目监测报告至少应包括以下信息。

（1）报告名称，如"水质污染项目监测报告"或"水质质量项目监测报告"等。

（2）监测机构的名称和地址。

（3）报告的唯一标识（如序譬）和每页编号及总页数。

（4）样品的描述和明确的标识。

（5）样品的特性、状态及处置。

（6）样品接收日期和进行监测分析的日期。

（7）所使用测试方法的说明。

（8）有关的取样程序说明。

（9）与测试方法的偏差、补充或例外情况及与测试有关的其他情况（如环境条件）说明。

（10）测试、检查和导出结果以及结果中不合格标识。

（11）对测试结果的不确定度的说明。

（12）监测结论。

（13）对报告的内容负责的人员的职务、签字日期和签发日期。

（14）对测试结果代表范围及程度的声明。

（15）报告未经监测机构批准不得复制的声明。

1. 水质监测快报

水质监测快报是指采用文字型、一事一报的方式，报告重大水污染事故、突发性水污染事故和对环境质量造成重大影响的应急监测情况，以及在监测过程中发现的异常情况及其原因分析和对策建议。

污染事故监测快报应在事故发生后 24 h 内报出第一期，并应在事故影响期间内按照环保主管部门确定的日期连续编制各期快报。

水质监测快报应在每次监测任务完成后 5 d 内报到环保主管部门。

水质监测快报应包括以下信息。

（1）报告名称，如"水污染事故监测快报"。

（2）监测机构名称和地址。

（3）报告的唯一标识（如编号）及页号和总页数。

（4）监测地点及时间。

（5）事件的时间、地点及简要过程和分析。

（6）污染因子或环境因素监测结果。

（7）对短期内环境质量态势的预测分析。

（8）事件原因的简要分析。

（9）结论与建议。

（10）对报告内容负责人员的职务和签名。

（11）报告的签发日期。

2. 环境监测月报告

环境监测月报告是一种简单、快速报告水环境质量状况及水环境污染问题的数据型报告。环境监测机构应在每月五日前将上月监测情况报到同级环保主管部门和上级监测站。环境监测月报告应包括以下信息。

（1）报告名称，如"水环境质量监测月报告"或"水环境污染监测月报告"。

（2）报告编制单位名称和地址。

（3）报告的唯一标识（如序号）、页码和总页数。

（4）被监测水体名称、地点。

（5）监测项目的监测时间及结果。

（6）监测简要分析，包括以下几点。

① 与前月份对比分析结果。

② 当月主要问题及原因分析。

③ 变化趋势预测。

④ 管理控制对策建议等。

⑤ 对报告内容负责的人员的职务和签名。

⑥ 报告的签发日期。

3. 环境监测季报告

水环境监测季报告是一种在时间和内容上介于月报和年报之间的简要报告环境质量状况或环境污染问题的数据报告。环境监测机构应在每季度第一个月的十五日前，将其一季度环境监测情况报到同级环保主管部门和上级监测站。

水环境监测季报告应包括以下信息。

（1）报告名称，如"水环境质量监测季被告"或"水环境污染监测季报告"。

（2）报告编制单位名称、地址。

（3）报告的唯一标识（如序号）、页码和总页数。

（4）各监测点情况。

（5）监测技术规范执行情况。

（6）监测数据情况。

（7）被监测水体名称、地址。

（8）各环境要素和污染因子的监测频率、时间及结果。

（9）单要素环境质量评价及结果。

（10）本季度主要问题及原因简要分析。

（11）水环境质量变化趋势估计。

（12）改善水环境管理工作的建议。

（13）水环境污染治理工作效果、监测结果及综合整治考验结果。

（14）对报告内容负责的人员职务和签名。

（15）报告的签发日期。

4. 水环境监测年报告

环境监测年报告是环境监测重要的基础技术资料，是环境监测机构重要的监测成果之一，从总体上讲，也是一种数据型报告。

国家环保总局规定，从 1997 年 1 月 1 日起，国家环境质量监测网成员单位，正式以微机网络有线传输方式，逐级上报环境质量监测年报告。环境监测年报应在每年的 1 月 20 日前将本单位上年度环境监测年报告报到省级中心站。

环境监测年报告应包括以下信息。

（1）报告名称，如"水环境质量监测年报告"或"水环境污染监测年报告"等。

（2）报告年度。

（3）报告的唯一标识、页码和总页数。

（4）环境监测工作概况，主要包括以下几点。

① 基本情况。监测点人员构成统计表，监测机构及组织情况表，监测站仪器、设备统计表等。

② 监测网点情况水、气、噪声等各环境要素质量监测网点情况表，污染源监测网点情况表等。

③ 监测项目、频率和方法、水环境要素监测项目频率和方法统计表。

④ 评价标准执行情况、水质等各环境要素质量评价标准执行情况表，污染源评价标准执行情况表等。

⑤ 数据处理以及实验室质量控制活动情况等。

（5）监测结果统计图表。

（6）环境监测相关情况，主要包括以下几点。

① 环境条件情况、环境气象条件统计表，环境水文情况统计表，其他环境条件统计表。

② 社会经济情况监测区域面积、人口密度统计表及其他社会环境情况统计表。

③ 年度水环境监测大事记、重大水环境保护活动记事，重大水环境监测活动记事，重大水污染事故统计表等。

（7）当年环境质量或环境污染情况分析评价，主要包括以下几点。

① 水质质量评价及趋势分析。

② 水质污染评价及趋势分析。

③ 各环境要素和主要污染因子存在的主要问题及原因分析。

④ 与上年度对比分析结果。

⑤ 水污染治理效果总结。

⑥ 强化环境管理及监督监测的对策建议等。

（8）对报告内容负责的人员职务和签名。

（9）报告的签发日期。

5. 水环境监测报告书

环境监测报告书属文字型报告。按照内容和管理的需要，分为年度报告书和五年报告书两种；按其形式，分为公众版、简本和详本三种。五年报告书只编有详本一种形式。

环境监测报告书一般由地方政府环保主管部门组织所属监测站按时完成。由于报告书涉及面较广、工作量较大，单个监测站编写困难较大，故本书不作详细介绍。具体内容、编写原则和方法等请参见国家有关编写大纲和编写技术规范。

6.2 监测报告实例

6.2.1 环境项目监测报告

环境项目监测报告可分为环境污染项目监测报告和环境质量项目监测报告两大类，其基本格式见表 6-1。

表 6-1　环境项目监测报告

×××环境监测中心站　　　　　　　　　　　　　密级：

环境项目监测报告

编号：

报告日期：

编制者：201×年　月　日

审核者：201×年　月　日

批准者：201×年　月　日

20××环境监测中心站（印）

单位名称		项目名称		类型	
采样地点		采样方式		样品数量	
接样时间		处置情况		监测时间	
取样程序				采样记录号	
样品特征				送样人	
样品后处置				收样人	

监测分析结果

样品编号	监测因子名称	测试方法编号	监测值及不确定度	标准值	结论	测试记录编号	测试者

监测分析结果

样品编号	监测因子名称	测试方法编号	监测值及不确定度	标准值	结论	测试记录编号	测试者

监测分析结果

监测项目情况	工　况	
	气象参数	
	水文参数	
	其他参数	
	备　注	
监测分析情况	实验条件	
	仪器条件	
	其他条件	
	备　注	
监测结论及建议		
特别声明		

6.2.2 环境监测快报

环境监测快报的参考格式见表6-2。

表6-2 环境监测快报

<table>
<tr><td colspan="5" align="center">环境应急监测快报
××环境污染事件快报</td></tr>
<tr><td colspan="2">××环境监测站</td><td colspan="3">××年××月××日</td></tr>
<tr><td colspan="5">　××年××月××日，××环境监测站（以下简称"我站"）接到××环境监察大队送来的××污染水样×个，各×瓶。我站按照环境监察大队的要求开展相关项目的监测。

一、基本情况

　××村宝龙组张家湾的村民发现水沟里的人畜饮用水有发黑浑浊现象，附近溶洞口流出的水发黑，类型泥浆水。

二、监测结果</td></tr>
<tr><td colspan="5" align="center">水质监测结果</td></tr>
<tr><td align="center">项　目</td><td align="center">溶洞口</td><td align="center">人畜饮用水</td><td align="center">评价标准值</td><td align="center">评价依据</td></tr>
<tr><td align="center">pH（无量纲）</td><td></td><td></td><td></td><td rowspan="16" align="center">《地表水环境质量标准》（GB 3838—2002）Ⅲ类标准</td></tr>
<tr><td align="center">溶解氧（mg/L）</td><td></td><td></td><td></td></tr>
<tr><td align="center">铅（mg/L）</td><td></td><td></td><td></td></tr>
<tr><td align="center">锌（mg/L）</td><td></td><td></td><td></td></tr>
<tr><td align="center">铜（mg/L）</td><td></td><td></td><td></td></tr>
<tr><td align="center">镉（mg/L）</td><td></td><td></td><td></td></tr>
<tr><td align="center">铁（mg/L）</td><td></td><td></td><td></td></tr>
<tr><td align="center">锰（mg/L）</td><td></td><td></td><td></td></tr>
<tr><td align="center">化学需氧量（mg/L）</td><td></td><td></td><td></td></tr>
<tr><td align="center">总磷（mg/L）</td><td></td><td></td><td></td></tr>
<tr><td align="center">氨氮（mg/L）</td><td></td><td></td><td></td></tr>
<tr><td align="center">氟化物（mg/L）</td><td></td><td></td><td></td></tr>
<tr><td align="center">氯化物（mg/L）</td><td></td><td></td><td></td></tr>
<tr><td align="center">硫酸盐（mg/L）</td><td></td><td></td><td></td></tr>
<tr><td align="center">硝酸盐氮（mg/L）</td><td></td><td></td><td></td></tr>
<tr><td align="center">备　注</td><td colspan="3" align="center">L表示未检出，所报结果为方法最低检出限</td></tr>
</table>

三、结果评价

通过表中数据分析，××月××日大队送样中，溶洞口断面水质有超标现象，分别超《地表水环境质量标准》（GB 3838—2002）的××倍；人畜饮用水水质能满足《地表水环境质量标准》（GB 3838—2002）Ⅲ类标准。

编制人：××   审核：××

报送：××县环保局   ××县政府

6.2.3　环境监测月、季、年报

环境监测月、季、年报，由一系列监测基础表和汇总表构成，并可视情况附上简要文字说明。其汇总表可根据上级要求和管理需要设计制订。

表 6-3、表 6-4 是环境污染监测单位基本情况和废水监测情况表的参考格式（供参考）。

表 6-3　环境污染监测单位基本情况

单位名称		曾用名	
单位所在地址	××县××工业园区		
联系人姓名		联系人电话	
企业法人		所属行业	
企业生产情况	季生产天数（d）		
	季生产小时数（h）		
	生产平均工况负荷		
备注：			

表 6-4　废水监测情况

排污口类别	排污口编号	该次是否监测	监测点位数（个）	备　注
废水				

6.2.4　水环境监测报告书

环境污染源监测报告书的编写内容及格式要求，可参考以下要求。

1．环境监测报告书的内容

（1）概况。

（2）环境监测工作开展情况。

（3）污染源监测情况综述，其中应包括以下图表。

a．污染源及环境监测情况汇总表。

b．污染源单位分布统计图。

c．污染源监测数据单位分布统计图。

d．污染源综合等标污染负荷单位类别分布图。

e．污染源分布地域图。

f．重点地区污染源分布情况图。

g．污染源综合等标污染负荷重点单位排序表。

此外，还应说明本年度监测情况与上年度相比的变化以及本年度监测污染源的覆盖面占本单位所有污染源的比例等。

（4）废水监测情况，除文字说明外还应包括以下图表。

a．废水监测情况汇总表。

b．废水监测情况分类汇总表。

c．废水监测数据单位分布统计图。

d．废水监测数据达标率单位分布统计图。

e．废水监测等标污染负荷废水类型分布统计图。

f．废水监测等标污染负荷单位类型分布统计图。

g．废水监测排放量单位统计比较图。

h．废水监测主要污染物排放量单位类型分布统计图。

i．废水监测主要污染物排放量单位统计比较图。

j．废水监测等标污染负荷重点排放单位排序表。

k．废水监测主要污染物重点排放单位排序表。

l．废水治理设施配置及运转率单位类别分布统计图。

m．废水治理设施配置及运转率废气类别分布统计图。

n．废水受控污染物去除量分布统计图。

（5）其他污染源及环境质量监测情况要求同废气监测情况。

2．综合结论及建议

在此部分，应根据环境监测工作开展情况及监测结果对本单位一年来的污染环境状况和监测工作开展情况作出总结，根据所得结论向环保决策部门提出环境保护措施建议。

3．环境监测报告书的格式

（1）必须在报告书封面或首页加盖编报单位公章。

（2）必须写明编报人员姓名、审核人员姓名和编报单位负责人姓名。

（3）正文内不便表现的数据、图、表，应作为附件附在正文后。

思 考 题

1. 环境监测报告有哪几种类型？
2. 环境监测报告书有哪些主要类型？
3. 简述环境监测报告的编制原则。
4. 环境监测报告为什么应具有及时性？
5. 环境监测报告书包括哪些主要内容？

项目 7　水质监测与评价综合实训

【学习目标】

本项目以重庆市某河流和某污水处理厂为研究对象，在回顾并运用本门课程前面介绍的关于水质监测、水质评价知识的基础上，重点学习河流和一般水污染源的水质监测与评价程序。通过学习和应用，掌握河流和水污染源的水质监测方案的制订、常规水质指标的监测分析、监测数据处理的方法、水质评价等。

（1）掌握河流、水污染源水质监测方案的制订；

（2）掌握常规水样的采集、保存和预处理；

（3）会进行常规水质指标的监测分析、数据处理；

（4）掌握不同水质指标和不同水体的水质评价方法等。

7.1　虎溪河的水质监测与评价

7.1.1　虎溪河监测方案的制订

1. 监测对象

虎溪河是重庆市的一条次级河流，位于重庆市主城区以西的西永组团中部、寨山坪北麓、中梁山与缙云山之间。作为梁滩河的最大一条支流，它发源于沙坪坝区虎溪镇海拔高程为 636 m 的天台岗，自西南向东北流经龚家沟、倒石桥、花生桥、虎溪街道、陈家桥街道（本案例仅评价虎溪街道及其下游断面），最终在叼家口与双河口居中的位置汇入梁滩河，虎溪河整个流域面积 96 hm²，长度约 8 km。虎溪河河宽 5～20 m，河流水深 1～10 m。虎溪河沿岸主要为城镇建成区，主要污染源为城市生活污水。

2. 监测网点布设

根据对虎溪河的的现状调查和地面水监测断面的布设原则，设置 3 种类型（对照断面、控制断面、消减断面），共 3 个监测断面。其中，1—1 为对照断面，设在评价河段的起始位置，学府广场下游约 200 m 处；2—2 控制断面，设在万达文化旅游城下游 500 m 左右；3—3 为削减断面，设在虎溪河汇入梁滩河的上游约 500 m 处。虎溪河监测布点图见图 7-1。

图 7-1　虎溪河监测断面整体布置图

依据采样垂线、采样点的确定原则，结合虎溪河各监测断面的实际情况，确定采样垂线和采样点位，如表 7-1 所示。

表 7-1　各断面采样点位表

监测断面	断面河宽（m）	断面水深（m）	采样垂线（条）	采样点位
1—1 断面	10	5	1 条，中泓垂线	1 个点，液面下 2.5 m
2—2 断面	15	2.5	1 条，中泓垂线	1 个点，液面下 1.25 m
3—3 断面	15	3	1 条，中泓垂线	1 个点，液面下 1.5 m

3. 监测项目

虎溪河沿岸为城镇建成区，主要污染源为生活污水。依据《地表水和污水监测技术规范》（HJ/T 91—2002）中对地面水监测项目的规定和虎溪河的实际情况，确定虎溪河监测项目，如表 7-2 所示。

表 7-2　虎溪河监测项目一览表

指标类别	指标名称
物理性	水温
金属化合物	砷、汞、六价铬、铅、镉、铜、锌、
非金属化合物	pH、溶解氧、氨氮、硝酸盐氮、总磷、硫化物、氰化物
有机化合物	化学需氧量、五日生化需氧量、挥发酚、石油类、阴离子表面活性剂
生物学	粪大肠菌群

165

4. 采样时间与采样频率

虎溪河水质稳定而且其组分在相当长的时间或相当大空间范围内变化不大，确定采集瞬时水样，且本监测属于评价类监测，根据《地表水和污水监测技术规范》（HJ/T 91—2002），确定虎溪河的采样时间与采样频率为连续采样 1 d，每天采样 1 次，采样时间 2015 年 11 月 20 日上午 10：00。

7.1.2　水样采集、保存与预处理

对于采集 pH、COD、BOD、溶解氧、硫化物、油类、有机物、粪大肠菌群、悬浮物等项目的样品，均单独采样和保存；其他项目尽量单独采样、保存。虎溪河各监测水样的保存及预处理情况如表 7-3。

表 7-3　虎溪河水样保存、预处理一览表

序号	监测指标	保存容器	保存方法	可保存时间	采样量/mL	备注
1	pH	P 或 G		12 h	250	尽量现场测定
2	浊度	P 或 G		12 h	250	尽量现场测定
3	化学需氧量	G	用 H_2SO_4 酸化，pH≤2	2 d	500	
		P	−20 ℃ 冷冻	1 个月	100	最长 6 m
4	五日生化需氧量	溶解氧瓶	1～5 ℃ 暗处冷藏	12 h	250	冷冻最长保持 6 m（质量浓度小 50 mg/L，保存 1 m）
		P	−20 ℃ 冷冻	1 个月	1 000	
5	溶解氧	溶解氧瓶	加入硫酸锰，碱性 KI 叠氮化钠溶液，现场固定	24 h	500	
6	总氮	P 或 G	用 H_2SO_4 酸化，pH 1～2	7 d	250	
		P	−20 ℃ 冷冻	1 个月	500	
7	粪大肠菌群	灭菌容器 G	1～5 ℃ 冷藏		尽快（地表水、污水及饮用水）	

7.1.3　水质指标分析与评价

1. 水质指标分析

根据《地表水和污水监测技术规范》（HJ/T 91—2002）和各指标的测定标准，进行各项水质指标分析。

2. 水质评价

依据重庆市环境保护局《关于调整部分地表水域功能类别的通知》（渝环发〔2009〕110 号）和《重庆市地面水域适用功能类别划分规定》（渝府发〔1998〕89 号），虎溪河

执行《地表水环境质量标准》(GB 3838—2002)Ⅴ类标准。各监测指标标准限值见表 7-4。

表 7-4　虎溪河执行的标准限值　　　　　　　　　　单位：mg/L

序号	项　目	Ⅴ类标准限值	序号	项　目	Ⅴ类标准限值
1	pH（无量钢）	6～9	6	高锰酸盐指数≤	15
2	溶解氧≥	2	7	总磷（以 P 计）≤	0.4
3	化学需氧量≤	40	8	石油类≤	1.0
4	五日生化需氧量≤	10	9	阴离子表面活性剂≤	0.3
5	氨氮≤	2.0	10	粪大肠菌群（个/L）≤	40 000

3. 水质评价结果

虎溪河各监测断面的水质分析数据均保留小数点后三位，用单一指数法分别计算各监测数据的单一指数 I_i。水质结果见表 7-5。

表 7-5　虎溪河水质评价结果一览表

断面编号	项　目	标准限值	监测结果	单一指数 I_i	结论
1—1 断面	pH（无量钢）	6～9	7.05	0.30	达标
	溶解氧	≥2	3.5	0.57	达标
	化学需氧量	≤40	37.3	0.93	达标
	五日生化需氧量	≤10	9.8	0.98	达标
	氨氮	≤2.0	2.64	1.32	超标
	总磷（以 P 计）	≤0.4	1.25	3.12	超标
	高锰酸盐指数	≤15	13.9	0.93	达标
	石油类	≤1.0	未检出	—	达标
	阴离子表面活性剂	≤0.3	0.12	0.40	达标
	粪大肠菌群（个/L）	≤40 000	50 000	1.25	超标
2—2 断面	pH（无量钢）	6～9	7.04	0.31	达标
	溶解氧	≥2	3.3	0.61	达标
	化学需氧量	≤40	38.6	0.96	达标
	五日生化需氧量	≤10	10.2	1.02	超标
	氨氮	≤2.0	2.74	1.37	超标
	总磷（以 P 计）	≤0.4	1.35	3.38	超标
	高锰酸盐指数	≤15	14.2	0.95	达标
	石油类	≤1.0	未检出	0	达标
	阴离子表面活性剂	≤0.3	0.14	0.47	达标
	粪大肠菌群（个/L）	≤40 000	50 000	1.25	超标

断面编号	项　目	标准限值	监测结果	单一指数 I_i	结论
3—3断面	pH（无量钢）	6～9	7.03	0.31	达标
	溶解氧	≥2	3.6	0.56	达标
	化学需氧量	≤40	33.6	0.84	达标
	五日生化需氧量	≤10	9.6	0.96	达标
	氨氮	≤2.0	2.24	1.12	超标
	总磷（以P计）	≤0.4	1.16	2.90	超标
	高锰酸盐指数	≤15	13.6	0.91	达标
	石油类	≤1.0	未检出	—	达标
	阴离子表面活性剂	≤0.3	0.11	0.37	达标
	粪大肠菌群（个/L）	≤40 000	30 000	0.75	达标

根据表 7-5，1—1 断面氨氮和总磷超标，水质指数分别为 1.32 和 3.12，2—2 断面 BOD_5、氨氮和总磷超标，水质指数分别为 1.02、1.37 和 3.38；3—3 断面的氨氮和总磷超标，水质指数分别为 1.12 和 2.90。三个断面对比起来看，2—2 断面污染最严重，3—3 断面水质好一些。从现场调查可知，1—1 断面、2—2 断面污染较严重主要是由于河流沿岸存在的少量生活污水散排现象，另外，2—2 断面附近的万达文化旅游城等在建、新建住宅小区对河流水质也产生不利影响。

7.2　西永污水处理厂的出水水质监测与评价

7.2.1　监测方案的制订

1. 监测对象简介

西永污水处理厂是一家集中式城镇污水处理厂，位于沙坪坝区土主镇，占地面积 117 亩，总投资 2 000 多万元，主要负责重庆市西部新城（包括微电子工业园、西永组团城市中心区、土主物流园区自然分水岭以南片区，约 40 km^2）的工业废水和生活污水的收集和处理。西永污水厂一期工程设计处理能力 3 万 m^3/d。目前，污水厂已建成 A、B、C、D 四条截污干管（均为雨污分流制），管线全长 21.45 km，管径为 $DN425 \sim DN1350$，共有 336 座检查井，压力井 48 座。

西永污水厂采用强化预处理＋奥贝尔氧化沟的二级污水活性污泥法处理工艺，仅 1 个排污口，排放方式为连续稳定排放。西永污水厂设计出水水质达到《城镇污水处理厂污染物排放标准》（GB 18918—2002）一级 B 标准后排入梁滩河，年污水排放总量约 1 100 万 m^3，最大污水排放量 0.35 m^3/s。

2. 采样点布设

西永污水处理厂出水水质评价设 1 个采样点, 位于西永污水处理厂总排水口, 监测点位布置图见图 7-2。

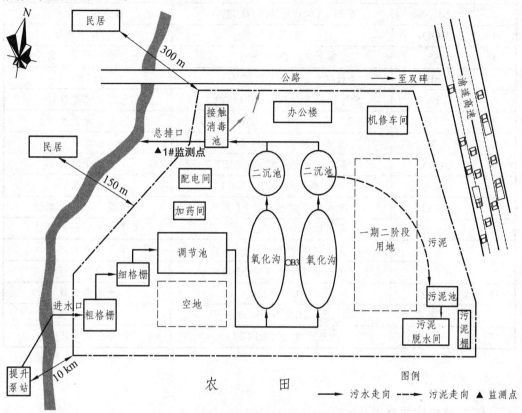

图 7-2　西永污水厂监测点位布置图

3. 采样时间与采样频率

本次水质评价的水样由西永污水厂提供, 均为瞬时水样。西永污水厂的采样时间与采样频率为连续采样 1 d, 每天采样 4 次, 采样时间 2016 年 9 月 15 日 8：00、12：00、16：00 和 20：00。

7.2.2　水样采集、保存与预处理

西永污水厂主要负责处理重庆市西部新城的工业废水和生活污水, 根据其收纳污水的特点, 确定西永污水处理厂出水水质评价项目共 17 项 (见表 7-7), 所有项目均单独采样、保存, 按照相关规范进行预处理后尽快进行水质分析。

7.2.3　水质指标分析

本案例的水质指标分析数据由西永污水厂提供, 各项目的监测仪器、监测方法及监测依据见表 7-6。

表 7-6　西永污水厂各监测项目的监测方法、依据和仪器

序号	监测项目	监测方法及监测依据	监测仪器
1	COD	重铬酸钾法（GB 11914）	滴定管、COD 消解器
2	NH$_3$-N	蒸馏-中和滴定法（HJ 537）	滴定管、电炉
3	BOD$_5$	仪器法	BOD$_5$ 分析仪
4	SS	重量法（GB 11901）	烘箱、电子天平、真空泵
5	pH	玻璃电极法（GB 6920）	pH 计
6	TN	紫外分光光度法（GB 11894）	紫外分光光度计
7	TP	钼酸铵分光光度法（GB 11893）	紫外分光光度计
8	粪大肠菌群	多管发酵法（HJ/T 347）	培养箱
9	六价铬	二苯碳酰二肼分光光度法（GB/T 7467）	分光光度计
10	总铬	总铬的测定（GB 7466）	分光光度计
11	总铅	《水和废水监测分析方法》（第四版）	原子吸收分光光度计
12	总镉	《水和废水监测分析方法》（第四版）	原子吸收分光光度计
13	总汞	《水和废水监测分析方法》（第四版）	原子荧光光谱仪
14	总砷	《水和废水监测分析方法》（第四版）	原子荧光光谱仪
15	烷基汞	GB/T 14204	气象色谱仪
16	甲基汞	GB/T 14204	气象色谱仪
17	石油类	红外光度法（HJ 637）	红外分光光度计

7.2.4　水质评价

1. 水质评价标准

根据规定，西永污水厂出水水质达到《城镇污水处理厂污染物排放标准》（GB 18918—2016）一级 B 标准后排放，各监测指标标准限值见表 7-7。

表 7-7　西永污水厂监测项目最高允许排放浓度（日均值）　　　　单位：mg/L

序号	项　　目	标准值	序号	项　　目	标准值
1	COD	60	10	石油类	3
2	BOD$_5$	20	11	总汞	0.001
3	SS	20	12	TP	1
4	pH	6～9	13	粪大肠菌群	10^4 个
5	TN	20	14	色度（稀释倍数）	30
6	六价铬	0.05	15	总砷	0.1
7	总铬	0.1	16	烷基汞	不得检出
8	总铅	0.1	17	甲基汞	不得检出
9	总镉	0.01			

2. 水质评价结果

西永污水厂出水水质分析数据均保留小数点后三位，用 Q 检验法（置信度 90%）对可疑数据进行取舍，然后运用单一指数法分别计算各监测数据的单一指数 I_i，运用综合指数法计算出各监测项目的均值型指数 I。水质评价结果见表 7-8。

表 7-8　西永污水厂出水水质评价结果一览表

序号	项目	标准值	监测结果	单一指数	均值指数	结论
1	COD	60	48.5 ~ 50.1	0.81 ~ 0.83	0.82	达标
2	BOD_5	20	16.9 ~ 17.3	0.84 ~ 0.86	0.85	达标
3	SS	20	17.2 ~ 17.5	0.86 ~ 0.88	0.87	达标
4	pH	6 ~ 9	7.05 ~ 7.15	0.23 ~ 0.30	0.25	达标
5	TN	20	15.5 ~ 16.4	0.77 ~ 0.81	0.78	达标
6	六价铬	0.05	0.032 ~ 0.034	0.64 ~ 0.68	0.66	达标
7	总铬	0.1	0.062 ~ 0.069	0.62 ~ 0.67	0.64	达标
8	总铅	0.1	0.031 ~ 0.035	0.31 ~ 0.34	0.32	达标
9	总镉	0.01	0.002 ~ 0.003	0.2 ~ 0.3	0.25	达标
10	总汞	0.001	0.000 4 ~ 0.000 5	0.4 ~ 0.5	0.45	达标
11	TP	1	0.76 ~ 0.81	0.76 ~ 0.79	0.78	达标
12	粪大肠菌群	10^4 个	6 000 ~ 7 000	0.6 ~ 0.7	0.65	达标
13	色度	30 倍	24 ~ 26	0.80 ~ 0.87	0.84	达标
14	总砷	0.1	0.05 ~ 0.06	0.5 ~ 0.6	0.55	达标
15	烷基汞	不得检出	未检出	—	—	达标
16	甲基汞	不得检出	未检出	—	—	达标
17	石油类	3	1.23 ~ 1.34	0.41 ~ 0.44	0.42	达标

根据表 7-8，西永污水厂的出水水质共监测的 16 项指标均达标，各项指标水质污染指数范围为 0.2 ~ 0.88，无临界达标的指标，西永污水厂的出水水质较好、较稳定。

参考文献

[1] 张尧旺. 水质监测与评价[M]. 北京：黄河水利出版社，2008.

[2] 《水和废水监测分析方法》编委会. 水和废水监测分析方法[M]. 4 版. 北京：中国环境出版社，2006.

[3] 洪林，肖中新. 水质监测与评价[M]. 北京：中国水利水电出版社，2010.

[4] 费学宁. 现代水质监测分析技术[M]. 北京：化学工业出版社，2005.

[5] 仇雁翎，陈玲，赵建夫. 饮用水水质监测与分析[M]. 北京：化学工业出版社，2005.

[6] 王萍. 水分析技术[M]. 北京：中国建筑工业出版社，2003.

[7] 辛仁轩. 等离子体发射光谱分析[M]. 北京：化学工业出版社，2005.

[8] 许金钩，王尊本. 荧光分析法[M]. 北京：科学出版社，2006.

[9] 陈剑虹. 环境工程微生物学[M]. 武汉：武汉理工大学出版社，2003.

[10] 国家环境保护局《指南》编写组. 环境监测机构计量认证和创建优质实验室指南[M]. 北京：中国环境科学出版社，1994.

[11] 中国环境监测总站. 环境水质临测质量保证手册[M]. 北京：化学工业出版社，1984.

[12] 王英健，杨永红. 环境监测[M]. 北京：化学工业出版社，2008.

[13] HJ/T 91—2002，地表水和污水监测技术规范[S].

[14] HJ 493—2009，水质样品的保存和管理技术规定[S].

[15] HJ 495—2009，水质采样方案设计技术规定[S].